MATEMÁTICA

L732m	Lima, Diana Maia de.
	Matemática para processos industriais / Diana Maia de Lima, Orlando Natal Neto, Wanda Jucha ; coordenação: Almério Melquíades de Araújo. – Porto Alegre : Bookman, 2014.
	x, 89 p. : il. color. ; 25 cm.
	ISBN 978-85-8260-020-7
	1. Matemática – Base científica. 2. Matemática – Processos industriais. I. Natal Neto, Orlando. II. Jucha, Wanda. III. Araújo, Almério Melquíades de. IV. Título.
	CDU 51-7

Catalogação na publicação: Ana Paula M. Magnus – CRB 10/2052

DIANA MAIA DE LIMA
ORLANDO NATAL NETO
WANDA JUCHA

Coordenação: Almério Melquíades de Araújo

MATEMÁTICA
PARA PROCESSOS INDUSTRIAIS

bookman

2014

© Bookman Companhia Editora, 2014

Gerente editorial: *Arysinha Jacques Affonso*

Colaboraram nesta edição:

Editoras: *Maria Eduarda Fett Tabajara e Verônica de Abreu Amaral*

Assistente editorial: *Danielle Oliveira da Silva Teixeira*

Preparação de originais: *Bianca Basile Parracho*

Leitura final: *Monica Stefani*

Capa e projeto gráfico: *Paola Manica*

Imagem da capa: *Simple handwrited numbers on cell paper.* © *pashabo/iStockphoto*®

Editoração: *Techbooks*

Reservados todos os direitos de publicação à
BOOKMAN EDITORA LTDA., uma empresa do GRUPO A EDUCAÇÃO S.A.
A série Tekne engloba publicações voltadas à educação profissional e tecnológica.
Av. Jerônimo de Ornelas, 670 – Santana
90040-340 – Porto Alegre – RS
Fone: (51) 3027-7000   Fax: (51) 3027-7070

É proibida a duplicação ou reprodução deste volume, no todo ou em parte, sob quaisquer formas ou por quaisquer meios (eletrônico, mecânico, gravação, fotocópia, distribuição na Web e outros), sem permissão expressa da Editora.

Unidade São Paulo
Av. Embaixador Macedo Soares, 10.735 – Pavilhão 5 – Cond. Espace Center
Vila Anastácio – 05095-035 – São Paulo – SP
Fone: (11) 3665-1100   Fax: (11) 3667-1333

SAC 0800 703-3444 – www.grupoa.com.br

IMPRESSO NO BRASIL
PRINTED IN BRAZIL

Autores

Diana Maia de Lima
Licenciada em Matemática pelo Centro Universitário Fundação Santo André (CUFSA). Mestre em Educação Matemática pela Pontifícia Universidade Católica de São Paulo (PUC-SP).

Orlando Natal Neto
Licenciado em Matemática pela Faculdade de Ciências e Tecnologia de Birigui (FATEB). Professor e Coordenador de Projetos na Unidade de Ensino Médio e Técnico do Centro Estadual de Educação Tecnológica Paula Souza (CETEC), em São Paulo.

Wanda Jucha
Graduada em Engenharia Mecânica pela Faculdade de Engenharia Industrial (FEI). Coordenadora de Projetos na Unidade de Ensino Médio e Técnico do Centro Estadual de Educação Tecnológica Paula Souza (CETEC), em São Paulo.

Coordenador

Almério Melquíades de Araújo
Graduado em Física pela Pontifícia Universidade Católica (PUC-SP). Mestre em Educação (PUC-SP). Coordenador de Ensino Médio e Técnico do Centro Estadual de Educação Tecnológica Paula Souza (CETEC), em São Paulo.

Ambiente Virtual de Aprendizagem

Se você adquiriu este livro em *ebook*, entre em contato conosco para solicitar seu código de acesso para o ambiente virtual de aprendizagem. Com ele, você poderá complementar seu estudo com os mais variados tipos de material: aulas em PowerPoint®, *quizzes*, vídeos, leituras recomendadas e indicações de sites.

Todos os livros contam com material customizado. Entre no nosso ambiente e veja o que preparamos para você!

SAC 0800 703-3444

divulgacao@grupoa.com.br

www.grupoa.com.br/tekne

Apresentação

As bases científicas do ensino técnico

Que professor já não disse, ou ouviu dizer, diante dos impasses dos processos de ensino e de aprendizagem, que "os alunos não têm base" para acompanhar o curso ou a disciplina que estão desenvolvendo?

No ensino técnico, onde os professores buscam a integração dos conceitos tecnológicos com o domínio de técnicas e do uso de equipamentos para o desenvolvimento de competências profissionais, as bases científicas previstas nas áreas do conhecimento de ciências da natureza e matemática são um esteio fundamental.

Avaliações estaduais, nacionais e internacionais têm constatado as deficiências da maioria dos nossos alunos da Educação Básica, particularmente nas áreas do conhecimento mencionadas. Os reflexos estão aí: altos índices de repetência e de evasão escolar nos cursos técnicos e de ensino superior e baixos índices de formação de técnicos, tecnólogos e engenheiros – formações profissionais nas quais o domínio dos conceitos de matemática, física, química e biologia são condições *sine qua non* para uma boa formação profissional.

Construir uma passarela entre os cursos técnicos dos diferentes eixos tecnológicos e as suas respectivas bases científicas é o propósito da coleção Bases Científicas do Ensino Técnico, que iniciou com o livro *Física para edificações* (Bookman Editora, 2014).

Acreditamos que, partindo de uma visão integradora dos ensinos médio e técnico, o desenvolvimento dos currículos nas alternativas subsequente, concomitante ou integrado deverá ser um processo articulado entre os conhecimentos científicos previstos nos parâmetros curriculares nacionais do ensino médio e as bases tecnológicas de cada curso técnico, numa simbiose que não só garantirá uma educação profissional mais consistente, como também propiciará um crescimento profissional contínuo.

Sabemos que o adulto trabalhador que frequenta as escolas técnicas à noite e que, em sua maioria, concluiu o ensino médio há um certo tempo é o principal alvo dessa coleção, que permitirá, de forma objetiva e contextualizada, a recuperação de conhecimentos a partir de suas aplicações.

Esperamos que professores e alunos (jovens e adultos trabalhadores), ao longo de um curso técnico, sintam-se apoiados por este material didático a fim de superar as eventuais dificuldades e alcançar o objetivo comum: uma boa formação profissional, com a aliança entre o conhecimento, a técnica, a ciência e a tecnologia.

Almério Melquíades de Araújo

Sumário

capítulo 1
Medição e corte de peças 1
Introdução 2
O milímetro 2
A polegada 3
Transformando polegadas em milímetros 5
Transformando milímetros em polegadas 6
Trabalhando com números decimais 8
    Adição e subtração de números decimais 8
Razão e proporção 10
Rotações por minuto (RPM) 13
Porcentagem 15
Atividades 16

capítulo 2
Cálculo de medidas desconhecidas 19
Introdução 20
Perímetro 20
Circunferência 21
Polígonos 23
    Polígonos regulares 24
Área 24
Ângulos 30
    Ângulo reto 31
    Ângulo agudo 31
    Ângulo obtuso 32
    Ângulo raso 32
    Ângulos complementares e
      suplementares 32
    Operações com ângulos 33
Radianos 35
Atividades 37

capítulo 3
**Uso de funções em processos
industriais** 41
Introdução 42
Função polinomial do 1º grau 42
Equação polinomial do 2º grau 45
Função polinomial do 2º grau 46
    Gráfico 46
    Raízes 47
    Vértice 48
Atividades 51

capítulo 4
O ângulo da mesa de seno 53
Introdução 54
Trigonometria do triângulo retângulo 60
Atividades 63

capítulo 5
**Variações de medidas na usinagem
de peças** 67
Introdução 68
Tabela primitiva e rol 69
Distribuição de frequência 69
    Elementos de uma distribuição de
      frequência com intervalos de classe 70
    Representação gráfica de uma distribuição ... 72
      Medidas de posição 73
      Medidas de dispersão 75
Atividades 77

capítulo 6
Sólidos geométricos: geometria espacial 79
Introdução 80
Sólidos geométricos 80

Ambiente industrial 84
Influência geométrica nos insertos intercambiáveis nas ferramentas de corte 86
Atividades 87

capítulo 1

Medição e corte de peças

Este capítulo aborda a medição de peças e suas relações de grandeza, utilizando os conceitos de razão e proporção, números decimais, porcentagem e operações básicas.

Bases Científicas
- ›› Frações
- ›› Razão e Proporção
- ›› Operações com números decimais
- ›› Regra de três simples
- ›› Emprego de tabelas

Bases Tecnológicas
- ›› Leitura e interpretação de medidas
- ›› Sistema de medidas
- ›› Escalas de instrumentos de medidas

Expectativas de Aprendizagem
- ›› Identificar leis matemáticas que expressem a relação de dependência entre duas grandezas.
- ›› Efetuar cálculos a partir de medições com instrumentos.
- ›› Utilizar técnicas de desenho e de representação gráfica com seus fundamentos matemáticos e geométricos.
- ›› Calcular o dimensionamento de componentes e mecanismos de máquinas e equipamentos.

>> Introdução

O conceito de grandeza é fundamental para efetuar qualquer medição. **Grandeza** é tudo aquilo que pode ser medido e deve ser definida por meio de um padrão.

A necessidade de medir é muito antiga, e as primeiras grandezas tomaram o corpo humano como referência: palmos, braços e pés ajudavam a dimensionar as coisas, desde terras para o plantio até a construção de ferramentas para o trabalho. Depois, vieram as balanças, réguas e tantas outras ferramentas de medida, até a criação, em 1960, do **Sistema Internacional de Unidades** (SI), que estabelece grandezas universais para serem empregadas mundialmente.

Hoje, o Sistema Internacional de Unidades estabelece o metro como a medida oficialmente utilizada nas atividades científicas, econômicas e industriais. No entanto, países como Inglaterra, Libéria e Estados Unidos não adotaram o sistema.

No Brasil, o **Instituto Nacional de Metrologia, Normalização e Qualidade Industrial** (Inmetro) é o órgão que controla os padrões do Sistema Internacional de Unidades, sendo responsável pela calibração dos instrumentos de precisão utilizados pela indústria, pelo comércio e por centros de pesquisa, além de pela regulamentação de embalagens e produtos.

> **>> NO SITE**
> Para saber mais sobre o Sistema Internacional de Unidades, visite o ambiente virtual de aprendizagem Tekne: www.bookman.com.br/tekne.

>> O milímetro

Sabemos que, para medir coisas de uma maneira que todos entendam, precisamos adotar um padrão de medidas. No Sistema Internacional de Unidades, o **metro** é considerado o padrão para todas as medidas relacionadas ao comprimento. Na indústria, a unidade de medidas de comprimento mais comum é o **milímetro**, que é obtido ao dividir o metro em mil partes iguais.

A representação das medidas por fração aparece em escalas de mapas e desenhos técnicos. Matematicamente, tem-se a seguinte representação:

$$1\,mm = \frac{1}{1.000}\,metro$$

Para medir, cortar e cotar, precisamos relembrar alguns conceitos de unidades de medidas:

> **>> NO SITE**
> Para mais informações sobre frações, acesse o ambiente virtual de aprendizagem.

Tabela 1.1 » Unidades de medidas

Submúltiplos do milímetro	Representação decimal	Representação fracionária
Décimo de milímetro	0,1 mm	$\frac{1}{10}$ mm
Centésimo de milímetro	0,01 mm	$\frac{1}{100}$ mm
Milésimo de milímetro	0,001 mm	$\frac{1}{1.000}$ mm

Fonte: dos autores.

Na prática, o milésimo de milímetro também é representado pela letra grega μ (lê-se mi). Assim, o milésimo de milímetro também pode ser chamado de mícron.

$$\frac{1}{1.000} mm = 0,001\ mm = 1\ \mu$$

» A polegada

Ao escolher o tamanho da tela de uma televisão, ou realizar a compra de uma torneira ou de tubulações, temos em comum a dimensão utilizada: a **polegada**. Esse modelo de medida teve origem no século XVI, quando o rei Eduardo I definiu que a polegada seria a medida entre a base da unha até a ponta do dedo de seu polegar.

A polegada, representada pelo símbolo " (dupla plica), pode ser fracionária ou decimal. É uma unidade de medida que corresponde a 25,4 mm. A Figura 1.1 mostra uma comparação entre as escalas milímetro e polegada.

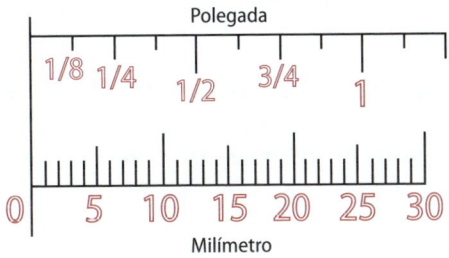

Figura 1.1 Relação entre as unidades de medidas milímetro e polegada.
Fonte: dos autores.

Devido à necessidade de precisão na medição de peças ou na execução de uma usinagem, por exemplo, surgiu a necessidade de criar submúltiplos para a polegada. A polegada foi, então, dividida em partes iguais: duas partes, quatro partes, oito partes e assim por diante. A Tabela 1.2 mostra a representação desses valores.

Tabela 1.2 » **Subdivisões da polegada**

$\frac{1}{2}$	meia polegada
$\frac{1}{4}$	um quarto de polegada
$\frac{1}{8}$	um oitavo de polegada
$\frac{1}{16}$	um dezesseis avos de polegada
$\frac{1}{128}$	um cento e vinte e oito avos de polegada (menor medida fracionária da polegada)

Fonte: dos autores.

Sabemos que, se continuarmos dividindo, encontraremos infinitos números, mas, em uma escala graduada em polegadas, frequentemente a menor divisão corresponde a $\frac{1"}{16}$.

Essas subdivisões são chamadas de **polegadas fracionárias**. Portanto, quando falamos em barras de $\frac{3"}{4}$ ou em roscas de $\frac{1"}{4}$, estamos utilizando a polegada fracionária.

» PARA REFLETIR

Em que outros contextos as medidas em polegadas costumam ser utilizadas?

Na indústria, utiliza-se a polegada nos desenhos industriais, tanto na forma decimal quanto na forma fracionária.

Em determinados instrumentos de medição, como o **paquímetro** e o **micrômetro**, a polegada decimal é utilizada para que haja uma precisão na leitura e na medida, permitindo a leitura de medidas menores que a menor medida fracionária da polegada.

Uma **polegada decimal** equivale a uma polegada fracionária, ou seja, 25,4 mm. A diferença entre as duas está em suas subdivisões: a polegada decimal é dividida em partes iguais por 10, 100, 1.000, etc.

>> EXEMPLO

A divisão mais comum é por 1.000. Assim, temos, por exemplo:

$\frac{1''}{2}$ correspondente a 0,5" (ou 5 décimos de polegada)

$\frac{1''}{4}$ correspondente a 0,25" (ou 25 centésimos de polegada)

$\frac{1''}{8}$ correspondente a 0,125" (ou 125 milésimos de polegada)

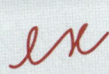

> **>> NO SITE**
> Para converter unidades de medição, acesse o ambiente virtual de aprendizagem.

>> Transformando polegadas em milímetros

> **>> DEFINIÇÃO**
> A **regra de três** é o cálculo matemático entre duas grandezas que nos permite descobrir um valor desconhecido. Para aprofundar seus conhecimentos sobre a regra de três, acesse o ambiente virtual de aprendizagem.

Na indústria, utiliza-se tanto a polegada quanto o milímetro nos instrumentos de medição. Entretanto, em determinadas situações, é necessário realizar a **conversão** de uma unidade para outra, e, para isso, precisam-se de conversores de unidades. Como alternativa, pode-se utilizar a regra de três simples.

Como visto anteriormente, uma polegada equivale a 25,4 mm. Logo, basta multiplicar a polegada fracionária por 25,4 mm. Veja os exemplos a seguir.

>> EXEMPLO

1. Uma furadeira tem um conjunto de brocas em milímetros. Para fazer um furo de $\frac{5''}{16}$, que broca (em mm) deve ser utilizada?

   $1''$ —— 25,4 mm

   $\frac{5''}{16}$ —— x mm

>> EXEMPLO *(continuação)*

$$x = \left(\frac{5''}{16}\right) \cdot 25,4$$

$$x = \frac{5}{16} \cdot 25,4 = \frac{(5 \cdot 25,4)}{16} = 8 \text{ mm}$$

Resposta: Uma broca de 8 mm.

2. Para que uma barra de aço de $\frac{3}{8}$ fique com 8 mm, quantos milímetros deverão ser desbastados no processo de usinagem?

$$\frac{3}{8} \cdot 25,4 = \frac{(3 \cdot 25,4)}{8} = 9,5 \text{ mm (transformando pol em mm)}$$

Resolvendo: 9,5 − 8 = 1,5 mm

Resposta: Devem ser usinados 1,5 mm.

>> Transformando milímetros em polegadas

>> **DICA**
Simplificamos uma fração quando temos um divisor comum para o numerador e para o denominador da fração.

É possível transformar milímetros em polegadas assim como a medida polegada foi convertida em milímetro: usando a regra de três e simplificando o resultado. Veja o exemplo a seguir.

» EXEMPLO

Preciso fazer um furo de 19,05 mm em uma chapa, mas, na oficina, só tenho brocas em polegadas. Que broca devo usar?

1″ —— 25,4 mm
x —— 19,05 mm

$x = 19,05/25,4$
$x = 0,75″$
$0,75 = \dfrac{75\ (:25)}{100\ (:25)} = \dfrac{3}{4}$
$0,75″ = \dfrac{3″}{4}$

Resposta: Uma broca de $\dfrac{3″}{4}$.

» Agora é a sua vez!

1. Converta as unidades de milímetros para polegadas fracionárias:
    a) Chapa de aço de 1,588 mm de espessura.
    b) Chapa de aço, de perfil quadrado, de 5,159 mm de lado.
    c) Barra de alumínio de 19,05 mm de diâmetro.
2. Converta as unidades de polegadas para milímetros:
    a) Uma barra de aço de $\dfrac{3″}{4}$.
    b) Uma chapa quadrada de 5″.
    c) Um cano de $\dfrac{3″}{8}$.

❯❯ Trabalhando com números decimais

Números decimais também são conhecidos como números com vírgula. Os números inteiros também são números decimais (por exemplo, 1 = 1,0 = 1,00 = 1,000...). Há os números decimais de escritas finitas, como 0,6, e aqueles de escrita infinita periódica, como 0,333.... Esses são exemplos de números decimais racionais. Há, ainda, os decimais de escrita infinita e não periódica, como 0,2343156..., que são conhecidos como números irracionais.

❯❯ Adição e subtração de números decimais

Quando fazemos a soma de dois ou mais números decimais, devemos respeitar a parte inteira e a parte decimal, ou seja, devemos colocar número inteiro sob número inteiro, vírgula embaixo de vírgula e assim por diante. Veja o exemplo a seguir:

❯❯ EXEMPLO

Qual é o comprimento da peça da Figura 1.2? As medidas estão em milímetros (mm).

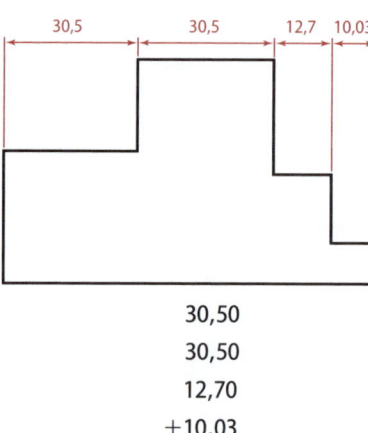

Figura 1.2
Fonte: dos autores.

$$\begin{array}{r} 30{,}50 \\ 30{,}50 \\ 12{,}70 \\ +10{,}03 \\ \hline 83{,}73 \text{ mm} \end{array}$$

Resposta: O comprimento da peça é 83,73 mm.

Agora é a sua vez!

1. A seguir, temos as medidas do corte da chapa. Qual é o seu comprimento total? As medidas estão em milímetros (mm).

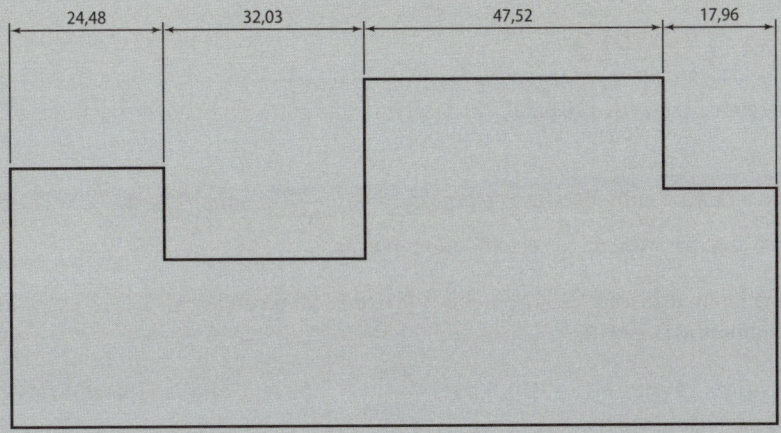

2. A largura total da chapa é de 146,98 mm e um dos cortes é de 38,75 mm. Qual é a medida x?

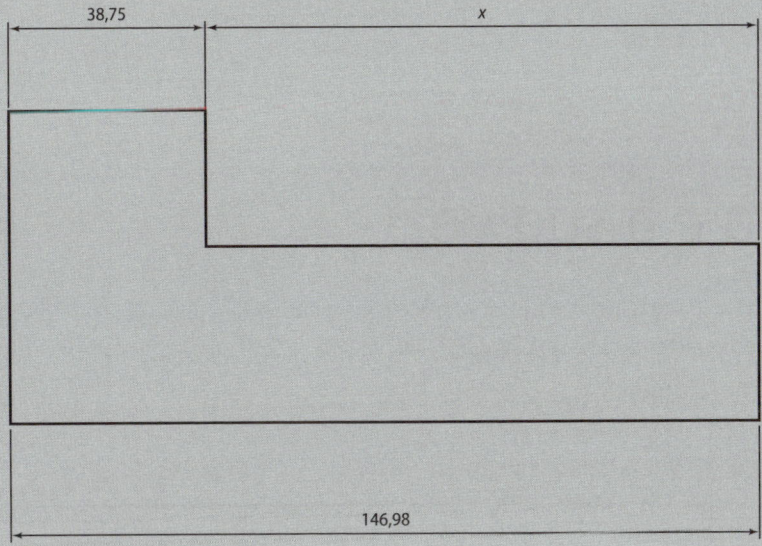

>> Razão e proporção

Como já vimos, grandeza é uma característica do objeto que pode ser comparada e cujas medidas podem ser adicionadas ou subtraídas, como, por exemplo, o diâmetro de um eixo, o peso de um corpo, a velocidade de um torno, entre outros. **Razão** é a relação entre duas grandezas. Veja o exemplo a seguir.

>> EXEMPLO

1. Em uma caixa temos 20 porcas e 10 parafusos. Qual é a razão entre o número de parafusos e o número de porcas?

Resposta: Como a razão é entre parafusos e porcas, temos: $\frac{10}{20}$, ou, simplificando, $\frac{1}{2}$. Então, podemos concluir que, para cada parafuso da caixa, temos duas porcas.

2. Em uma oficina foram usinados 15.000 parafusos M10 e 5.000 parafusos M15. Qual é a razão entre o número de parafusos M15 e M10?

Resposta: Como a razão é entre M15 e M10, temos: $\frac{5000}{15.000} = \frac{1}{3}$, ou seja, para cada parafuso M15 usinado, serão usinados 3 parafusos M10.

>> Agora é a sua vez!

Em uma caldeiraria, temos chapas com 150 mm de comprimento (veja a figura abaixo). Precisamos cortá-las de maneira que a razão entre a largura e o comprimento seja $\frac{1}{6}$. Com qual largura que deve ficar a chapa?

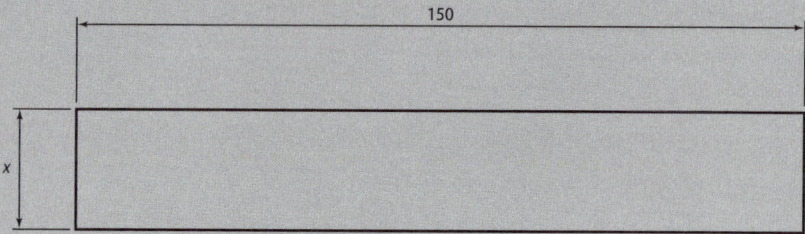

Proporção é a igualdade entre duas razões, sendo representada pela notação:

$$\frac{A}{B} = \frac{C}{D}$$

onde *A* e *D* são os extremos e *B* e *C* são os meios, e o produto dos meios é igual ao produto dos extremos.

$$B \cdot C = A \cdot D$$

Imagine-se abrindo uma porta daquelas que estão presas por dobradiças em uma das laterais e com uma maçaneta na lateral oposta. Leia com atenção os dois itens a seguir.

1. Quanto *mais* longe da maçaneta, *menos* força para empurrar a porta e abri-la.
2. Quanto *mais* perto das dobradiças, *mais* força para empurrar a porta e abri-la.

Você reparou nas palavras em itálico? Quando, em uma razão, um dos fatores sofrer um aumento (diminuição) e o outro fator também sofrer um aumento (diminuição), dizemos que esses fatores são diretamente proporcionais.

Agora, em uma razão, se um dos fatores aumentar (diminuição) e o outro fator diminuir (aumento), dizemos que esses fatores são inversamente proporcionais.

Vejamos alguns exemplos:

1. Quanto mais máquinas são empregadas na fabricação de objetos, menos dias serão necessários para produzi-los.
2. Quanto maior for o comprimento de um tecido, maior será o seu preço.

Duas grandezas são **diretamente proporcionais** quando o aumento de uma ocasionar o aumento da outra, ou quando a diminuição de uma implicar a redução da outra.

> **» NO SITE**
> Para exercícios interativos, acesse o ambiente virtual de aprendizagem.

> **» ASSISTA AO FILME**
> Para assistir à resolução de um problema sobre semelhança de polígonos e escala, acesse o ambiente virtual de aprendizagem.

> **» EXEMPLO**
>
> Em um torno são usinados 300 parafusos em 2 horas. Quantos parafusos serão usinados em 3 horas, na mesma máquina?
>
> $\dfrac{300}{x} = \dfrac{2}{3}$

>> EXEMPLO *(continuação)*

Usando a propriedade: $2 \cdot x = 3 \cdot 300$

$2x = 900$

$x = \dfrac{900}{2} = 450$ parafusos

Resposta: Serão usinados 450 parafusos.

Duas grandezas são **inversamente proporcionais** quando o aumento de uma ocasionar a redução da outra e quando a redução de uma implicar o aumento da outra, ou seja, acontecerá com uma o inverso do que você fizer com a outra.

Velocidade média e tempo de viagem, por exemplo, são grandezas inversamente proporcionais, ou seja, quanto maior for a velocidade de trabalho de uma máquina, menos tempo ela leva para produzir uma determinada quantidade de peças. Se a máquina trabalhar a uma velocidade menor, levará mais tempo para produzir a mesma quantidade de peças.

>> EXEMPLO

Em uma fábrica, tenho 45 máquinas que produzem 3.000 peças por hora. Se aumentar o número de máquinas para 60, quantas peças serão produzidas por hora?

45 —— 3.000
60 —— x

Se aumentarmos o número de horas, consequentemente aumentaremos o número de peças, então montaremos a equação invertendo uma delas:

$\dfrac{60}{45} = \dfrac{3.000}{x}$

$x \cdot 60 = 3.000 \cdot 45$

$x = 4.000$ peças

Resposta: Serão produzidas 4.000 peças por hora.

Rotações por minuto (RPM)

Em uma oficina mecânica, sempre que falamos em usinagem de materiais, logo pensamos em qual rotação uma máquina vai trabalhar, ou qual velocidade de corte será necessária.

A RPM depende da velocidade de corte, mas o que é a velocidade de corte?

Velocidade de corte é a distância percorrida por uma ferramenta ao cortar um material, dividida pelo tempo gasto para fazer esse percurso. Essa velocidade é dada por fabricantes de ferramentas, considerando o material da ferramenta e o material a ser usinado.

Para o cálculo de RPM em função da velocidade de corte, podemos usar a fórmula:

> » **DICA**
> Para realizar as operações de fresagem ou furação, a fórmula para o cálculo de RPM é a mesma, devendo-se considerar o diâmetro da fresa ou da broca, dependendo da operação a ser executada.

$$n = \frac{vc \cdot 1.000}{d \cdot \pi}$$

onde
n é o número de RPM
vc é a velocidade do corte
d é o diâmetro do material
π é 3,14 (constante)

A velocidade de corte é tabelada pelos fabricantes de ferramentas (Tabela 1.3) e é dada por $\frac{metro}{minuto}$. Já o diâmetro é dado em milímetros (mm), e o 1.000 que aparece na fórmula serve para fazer a transformação de metros em milímetros.

Tabela 1.3 » **Velocidades de corte (V) para torno (em metros por minuto)**

Material a ser torneado	Ferramentas de aço rápido			Ferramentas de carboneto metálico	
	Desbaste	Acabamento	Roscar/recartilhar	Desbaste	Acabamento
Aço 0,35%C	25	30	10	200	300
Aço 0,45%C	15	20	8	120	160
Aço extra duro	12	16	6	40	60
Ferro fundido maleável	20	25	8	70	85
Ferro fundido gris	15	20	8	65	95
Ferro fundido duro	10	15	6	30	50
Bronze	30	40	10-25	300	380
Latão e cobre	40	50	10-25	350	400
Alumínio	60	90	15-35	500	700
Fibra e ebonite	25	40	10-20	120	150

Fonte: dos autores.

>> EXEMPLO

Um torneiro mecânico precisa tornear, com uma ferramenta de aço rápido, um tarugo de aço 1020 com diâmetro de 80 mm. Qual será a RPM do torno para que ele possa fazer esse trabalho adequadamente?

Para cada ferramenta de corte, temos uma velocidade de corte tabelada de acordo com o material da ferramenta. Nesse caso, para aço rápido e desbaste de material, temos, de acordo com a Tabela 1.3, o valor de 25 metros/min.

$$RPM = \frac{25 \cdot 1.000}{80 \cdot 3,14}$$

$$RPM = \frac{25.000}{251,2}$$

RPM = 99,52 rpm

Resposta: A RPM do torno será 99,52 rpm.

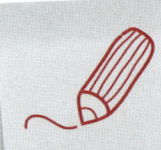

>> Agora é a sua vez!

1. Quantas rotações por minuto devemos empregar em um torno para fazer o desbaste de um tarugo de aço 1060 de 100 mm de diâmetro usando uma ferramenta de aço rápido?
2. Qual é a RPM necessária para dar acabamento a um eixo de bronze com uma ferramenta de aço rápido? Diâmetro do eixo = 120 mm.

Porcentagem

Porcentagem é um valor atribuído para cada 100 partes de um determinado valor. Por exemplo, quando falamos em 35%, estamos falando que, a cada 100 partes de um determinado valor, toma-se 35. Podemos usar a razão para expressar a porcentagem, como no exemplo acima, $\frac{35}{100}$, onde a taxa de porcentagem é 35.

No rendimento dos motores, quando falamos em 80% de rendimento, significa que só estamos usando 80% do seu potencial, e que 20% está sendo perdido por algum motivo, como desgaste, aquecimento, atrito, etc. O cálculo do rendimento de um motor é dado pela razão entre a potência utilizada e a potência total recebida pela máquina, multiplicada por 100.

$\eta = (P_u/P_t) \cdot 100$

η = rendimento da máquina

P_u = potência utilizada pela máquina

P_t = potência total recebida pela máquina

>> EXEMPLO

Qual é o rendimento de um motor que tem 7 HP de entrada e só utiliza 5 HP no trabalho?

$\eta = ?$

$P_u = 5$ HP

$P_t = 7$ HP

$\eta = \frac{5}{7} \cdot 100 \qquad \eta = 71{,}42\%$

Resposta: O motor tem um rendimento de 71,42%.

Ao resolver problemas de porcentagem, podemos usar a regra de três simples. Veja o exemplo a seguir.

❯❯ EXEMPLO

Em um lote de 500 peças, constatou-se que 18% estavam com algum tipo de defeito. Quantas peças eram defeituosas?

500 peças —— 100%

x peças —— 18%

$$\frac{500}{x} = \frac{100}{18}$$

$100 \cdot x = 500 \cdot 18$

$100 \cdot x = 9.000$

$x = \dfrac{9.000}{100}$

$x = 90$

Resposta: 90 peças eram defeituosas.

❯❯ Atividades

1. Se uma chapa de aço mede 35", qual é a sua medida em milímetros?
2. Em uma loja, constavam 846 parafusos em estoque e foram vendidos 20% deles. Quantos parafusos restarão na loja?
3. Calcule o rendimento de um motor que tem uma potência de entrada de 5 CV e de saída 4,2 CV. Qual é o rendimento desse motor?
4. Um motor de 2 HP tem um rendimento de 83%. Qual é a potência de saída?
5. Para fazer rosca em um eixo de aço 1045, qual é a velocidade de corte que deve ser aplicada na máquina?

LEITURAS RECOMENDADAS

KLICK EDUCAÇÃO. [S.l.: s.n., 2013]. Disponível em: <http://www.klickeducacao.com.br/materia/20/display/0,5912,POR-20-88-950-5589,00.html>. Acesso em: 24 jan. 2013. Site de acesso restrito.

OS NÚMEROS reais. [S.l.: s.n., 2000?]. Disponível em: <http://matematica.no.sapo.pt/nreais/nreais.htm>. Acesso em: 15 jan. 2013.

PORTAL SÃO FRANCISCO. *Razões e proporções*. [S.l.: s.n., 2012?]. Disponível em: <http://www.portalsaofrancisco.com.br/alfa/razoes-e-proporcoes/razoes-e-proporcoes.php>. Acesso em: 15 jan. 2013.

SÃO PAULO. Instituto de Pesos e Medidas do Estado de São Paulo. São Paulo: IPEM-SP, c2012. Disponível em: <http://www.ipem.sp.gov.br/>. Acesso em: 15 jan. 2013.

capítulo 2

Cálculo de medidas desconhecidas

Este capítulo aborda dimensionamento e medidas de peças, utilizando alguns conceitos de geometria plana.

Bases Científicas
- Ângulos e polígonos
- Circunferência e círculo
- Cálculos de perímetro e áreas

Bases Tecnológicas
- Leitura e interpretação de medidas
- Cálculos pertinentes ao processo produtivo
- Manuseio e leitura com instrumentos de medição

Expectativas de Aprendizagem
- Identificar registros de notação convencional de medidas.
- Utilizar o conhecimento geométrico para realizar a leitura e a representação da realidade e agir sobre ela.
- Utilizar a noção de escalas na leitura de representação de situação do cotidiano.
- Resolver situações-problema que envolvam medidas de grandezas.

Introdução

Quando pensamos em processo mecânico, quase sempre temos que recorrer a medidas de áreas e perímetros. Isso é necessário a todo o momento, seja na produção de uma peça, ou em cálculos de dimensionamento que determinem o quanto ela pode suportar em tensões aplicadas à sua estrutura. Além disso, é preciso determinar as dimensões necessárias para que essa peça possa suportar tais tensões, a quais movimentos ela ficará exposta e qual será a sua finalidade.

No processo de dimensionamento em caldeiraria e na maioria dos setores da indústria, precisamos ter conhecimentos sobre cálculos de perímetro, área, ângulos e saber calcular uma medida que não conhecemos.

Perímetro

Perímetro é a medida do contorno de uma figura plana. Para entender melhor, imagine uma figura com o contorno feito em arame. Para medir seu perímetro, podemos abrir o arame até que fique reto, e medir seu comprimento. Veja as Figuras 2.1*a*, *b*, *c* e *d*.

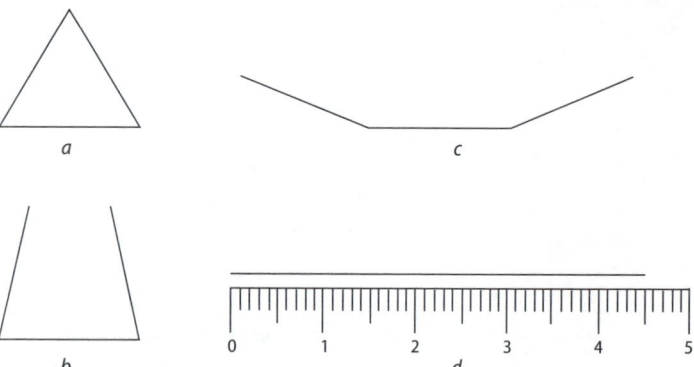

Figura 2.1
Fonte: dos autores.

Considere que, no caso acima, o triângulo tenha 1,5 cm de lado, e que seu perímetro seja de 4,5 cm. De uma maneira geral, podemos dizer que o valor do perímetro é igual à soma das medidas dos lados de uma figura plana.

>> EXEMPLO

O quadrado da Figura 2.2 tem 16 mm de lado. Qual é o seu perímetro?

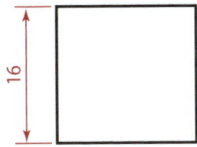

Figura 2.2
Fonte: dos autores.

Resposta: O perímetro será: 16 + 16 + 16 + 16 = 64 mm.

Veja a Figura 2.3:

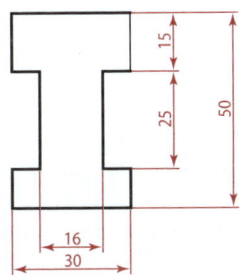

Figura 2.3
Fonte: dos autores.

Para obtermos o perímetro, basta somar as medidas dos lados:

30 + 15 + 7 + 25 + 7 + 10 + 30 + 10 + 7 + 25 + 7 + 15 = 188 mm.

Resposta: O perímetro do quadrado é 188 mm.

>> Circunferência

Circunferência é o lugar geométrico de todos os pontos de um plano que estão localizados a uma mesma distância r (raio), de um ponto fixo denominado **centro da circunferência**. A distância r é denominada **raio da circunferência**. Observe o exemplo a seguir.

» EXEMPLO

Para traçar uma circunferência, podemos utilizar um compasso. Marque um ponto qualquer, abra o compasso na medida desejada, coloque a ponta seca no ponto marcado e trace a circunferência, girando o compasso até completar uma volta. Veja a Figura 2.4:

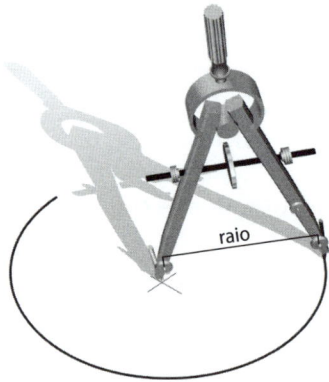

Figura 2.4
Fonte: © Michael Brown/Dreamstime.com.

A abertura do compasso determina a medida do raio da circunferência.

Outro elemento da circunferência é o diâmetro. O **diâmetro** é o segmento de reta que liga dois pontos de uma circunferência passando pelo seu centro. Podemos verificar que a medida do diâmetro é igual ao dobro da medida do raio.

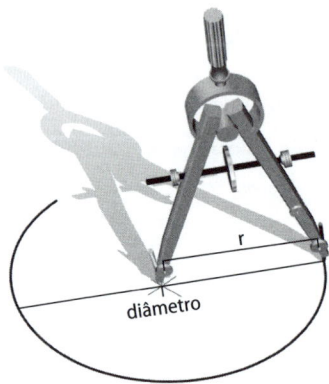

Figura 2.5
Fonte: © Michael Brown/Dreamstime.com.

O perímetro da circunferência é dado por: $2\pi \cdot r$, onde r é o raio da circunferência e π é aproximadamente igual a 3,14.

A reunião da circunferência com o conjunto de todos os pontos internos é chamada de **círculo**, como mostra a Figura 2.6:

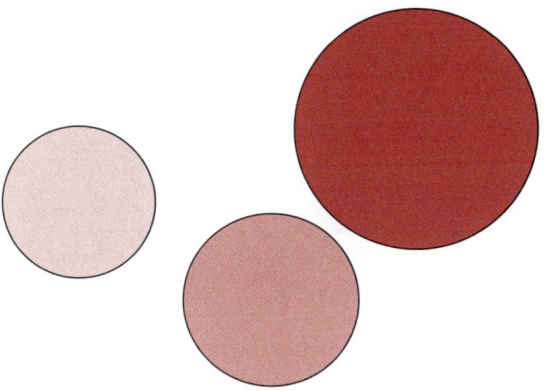

Figura 2.6
Fonte: dos autores.

Agora, veremos como se calcula o perímetro da circunferência.

Qual é o perímetro de uma circunferência de raio igual a 15 cm?

Perímetro = 2 · 15 · π

Como π é uma constante e vale aproximadamente 3,14, o perímetro da circunferência será
2 · (15 · 3,14) = 94,2 cm.

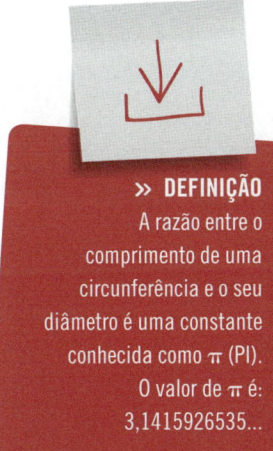

» DEFINIÇÃO
A razão entre o comprimento de uma circunferência e o seu diâmetro é uma constante conhecida como π (PI).
O valor de π é:
3,1415926535...

» Polígonos

Polígono é uma figura geométrica plana, cujo contorno é fechado e formado por segmentos de reta que são seus lados. A palavra polígono significa vários ângulos.

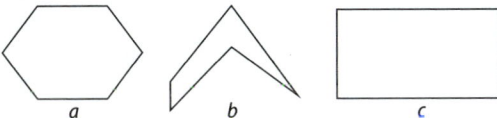

Figura 2.7   Exemplos de polígonos.
Fonte: dos autores.

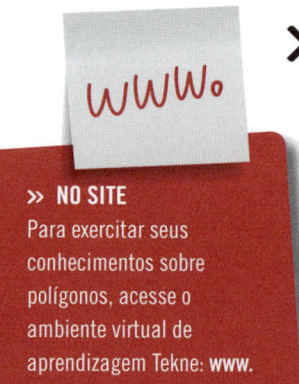

» NO SITE
Para exercitar seus conhecimentos sobre polígonos, acesse o ambiente virtual de aprendizagem Tekne: **www.bookman.com.br/tekne**.

» Polígonos regulares

Dizemos que um polígono é **regular** quando as medidas de seus lados são iguais e todos os seus ângulos internos também são iguais. Temos como exemplos o quadrado e o triângulo equilátero.

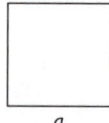
a

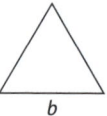
b

Figura 2.8 Exemplos de polígonos regulares: (*a*) quadrado e (*b*) triângulo equilátero.
Fonte: dos autores.

» Área

A medida de uma superfície é denominada **área** (s). Utilizamos o conceito de área de figuras nos cálculos de resistência de materiais, no dimensionamento de peças e em cortes e dobramentos de chapas. Veja a seguir o cálculo da área de algumas figuras planas:

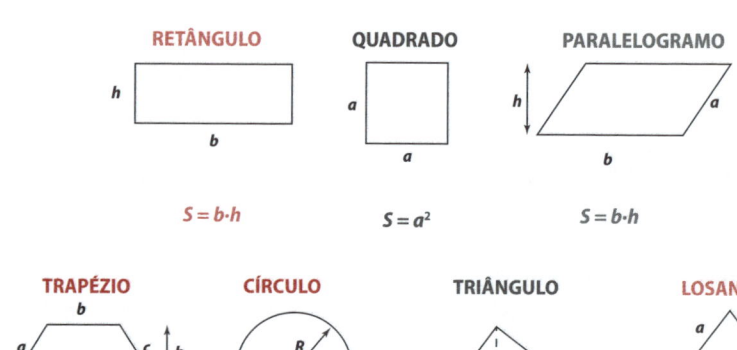

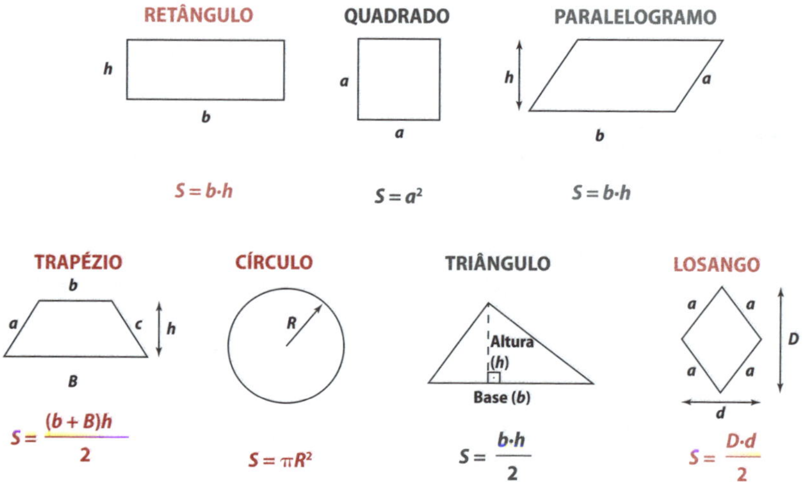

Estas são algumas unidades de medida de área: km², hm², dam², m², dm², cm², mm².

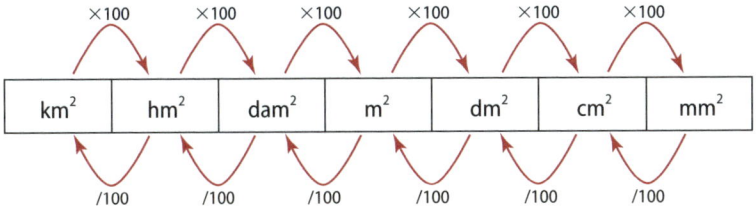

Figura 2.9
Fonte: dos autores.

Os múltiplos do m² são: quilômetro quadrado (km²), hectômetro quadrado (hm²) e decâmetro quadrado (dam²). Já os submúltiplos do m² são: decímetro quadrado (dm²), centímetro quadrado (cm²) e milímetro quadrado (mm²).

>> **NO SITE**
Para exercitar seus conhecimentos sobre figuras geométricas planas, acesse o ambiente virtual de aprendizagem.

>> **PARA REFLETIR**

Onde mais podemos encontrar situações que envolvam medidas de área?

>> **EXEMPLO**

Agora, vamos calcular a área do perfil a seguir (as medidas são dadas em mm):

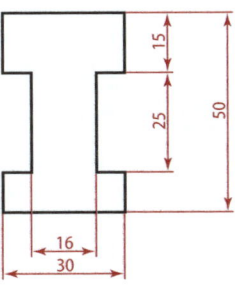

Figura 2.10
Fonte: dos autores.

≫ EXEMPLO

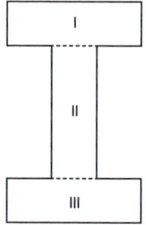

Figura 2.11
Fonte: dos autores.

Podemos subdividir a figura em três retângulos e calcular a área de cada um deles:

Primeiro retângulo: 30 · 15 = 450

Segundo retângulo: 25 · 16 = 400

Terceiro retângulo: 10 · 30 = 300

Logo, a área total será: 450 + 400 + 300.

Resposta: o valor da área do perfil é 1.150 mm².

Qual diâmetro deve ter um eixo de secção circular de aço SAE 1020 que suporte com segurança um esforço estático à tração de 5.000 kgf?

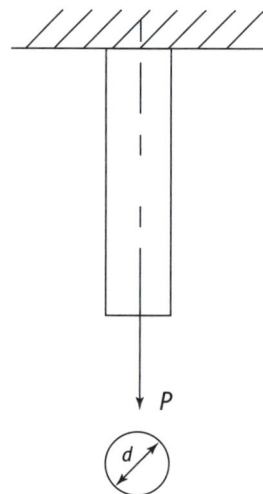

Figura 2.12
Fonte: dos autores.

>> EXEMPLO

Quando uma força age sobre um corpo, produz uma tensão, que será maior que a força aplicada. Logo, conclui-se que a tensão é diretamente proporcional à força. Então,

$$\sigma = \frac{F}{A}$$

onde:

σ representa a tensão no material (kgf/cm²)
F representa a força aplicada ao material (kgf)
A representa a secção transversal da peça (cm²)

Existem tabelas que indicam a tensão de um material de acordo com os esforços que eles recebem, como a Tabela 2.1.

Ao consultar a tabela, temos:

$$\sigma = 4.200 \text{ kgf/cm}^2$$

Substituindo na fórmula:

$$4.200 = \frac{5.000}{A} \rightarrow A = \frac{5.000}{4.200} \rightarrow A = 1{,}19 \text{ cm}^2$$

Tendo a área, podemos calcular o diâmetro:

$$A = \frac{\pi d^2}{4}$$

Substituindo os valores, temos:

$$1{,}19 = \frac{\pi \cdot d^2}{4}$$

$$d^2 \cdot \pi = 4 \cdot 1{,}19 \qquad d^2 = \frac{4{,}76}{\pi}$$

$$d^2 = 1{,}51$$

$$d = \sqrt{1{,}51} \qquad d = 1{,}2 \text{ cm}$$

Para os cálculos acima, não consideramos o fator de segurança utilizado para dimensionamento.

Resposta: O diâmetro deve ter 1,2 cm.

Tabela 2.1 » Tensões médias e alongamento aproximado dos materiais
Tensão de ruptura em kgf / cm²

Material	Tração	Compressão	Cisalhamento	Esc. tração	Along. λ %	OBS
SAE 1010	3500	3500	2600	1300	33	Aços carbonos recozidos ou normalizados
SAE 1015	3850	3850	2900	1750	30	Aços carbonos recozidos ou normalizados
SAE 1020	4200	4200	3200	1930	26	Aços carbonos recozidos ou normalizados
SAE 1025	4650	4650	3500	2100	22	Aços carbonos recozidos ou normalizados
SAE 1030	5000	5000	3750	2300	20	Aços carbonos recozidos ou normalizados
SAE 1040	5800	5800	4350	2620	18	Aços carbonos recozidos ou normalizados
SAE 1050	6500	6500	4900	3600	15	Aços carbonos recozidos ou normalizados
SAE 1070	7000	7000	5250	4200	9	Aços carbonos recozidos ou normalizados
SAE 2330	7400	7400	5500	6300	20	Aço Ni recozido ou normalizado
SAE 2340	7000	7000	5250	4850	25	Aço Ni 1 recozido ou normalizado
SAE 3120	6300	6300	4750	5300	22	Aço Ni- Cr- recozido ou normalizado
SAE 3130	6800	6800	5100	5900	20	Aço Ni- Cr- recozido ou normalizado
SAE 3140	7500	7500	5600	6500	17	Aço Ni- Cr- recozido ou normalizado
SAE 4130	6900	6900	5200	5750	20	Aço Ni- Mo- recozido ou normalizado
SAE 4140	7600	7600	5700	6500	17	Aço Ni- Mo- recozido ou normalizado
SAE 4150	8150	8150	6100	6900	15	Aço Ni- Mo- recozido ou normalizado
SAE 4320	8400	8400	6300	6500	19	Aço Ni- Cr- Mo- recozido ou normalizado
SAE 4340	8600	8600	6500	7400	15	Aço Ni- Cr- Mo- recozido ou normalizado
SAE 4620	6200	6200	4650	5100	23	Aço Ni- Mo- recozido ou normalizado
SAE 4640	8200	8200	6150	6700	15	Aço Ni- Mo- recozido ou normalizado
SAE 4820	6900	6900	5200	4700	22	Aço Ni- Mo- recozido ou normalizado
SAE 5120	6100	6100	4600	4900	23	Aço Cr- recozido ou normalizado
SAE 5140	7400	7400	5500	6200	18	Aço Cr- recozido ou normalizado
SAE 5150	8150	8150	6100	7000	16	Aço Cr- recozido ou normalizado
SAE 6120	6500	6500	4850	6400	18	Aço Cr- V recozido ou normalizado
SAE 8620	6200	6200	4650	5600	18	Aço Cr-Ni-Mo recozido ou normalizado
SAE 8640	7500	7500	5600	6300	14	Aço Cr-Ni-Mo recozido ou normalizado
AISI 301	7700	7700	5800	2800	55	Aço inoxidável Cr-Ni
AISI 302	6300	6300	4700	2480	55	Aço inoxidável Cr-Ni
AISI 310	6900	6900	5150	3150	45	Aço inoxidável Cr-Ni
AISI 316	6000	6000	4500	2460	55	Aço inoxidável Cr-Ni
AISI 410	4900	4900	3700	2640	30	Aço inoxidável Cr
AISI 420	6700	6700	5000	3500	25	Aço inoxidável Cr
FOFO	1200-2400	6000-8500	–	–	–	–
COBRE	2250	2250	1680	700	45	
LATÃO	3420	3420	2550	1200	57	
BRONZE	2800	2800	2100	–	50	
ALUMÍNIO	1800	1800	1350	700	22	

Fonte: dos autores.

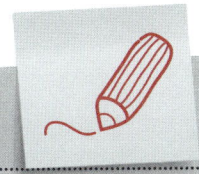

» Agora é a sua vez!

1. Sabendo que as medidas são dadas em milímetros, calcule o perímetro e a área das figuras a seguir.

   a)

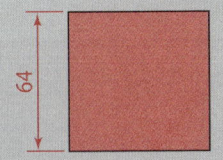

   (quadrado de lado 64)

   b)

   (figura composta com medidas: 11,3; 20; 18; 10; 9,3; 10; 18; 22)

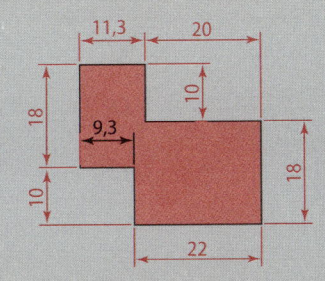

2. Calcule o perímetro e a área do triângulo equilátero, sabendo que a unidade de medida é o centímetro:

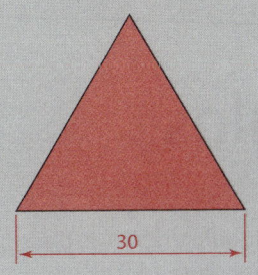

   (triângulo equilátero de lado 30)

3. Sabendo que a medida do raio foi dada em metros, calcule a área do círculo abaixo.

   $R = 12$

4. Um eixo de perfil circular tem raio de 23 mm. Qual é a área do perfil?
5. A área do perfil circular de uma barra de aço é de 560 mm². Qual é o raio do perfil?

Agora é a sua vez! *(continuação)*

6. Em uma oficina de caldeiraria temos uma chapa retangular de 74 mm de comprimento. Precisamos cortar dois triângulos com uma área de 1.480 mm² cada um, aproveitando todo o comprimento. Com qual largura (*H*) devemos cortar a chapa?

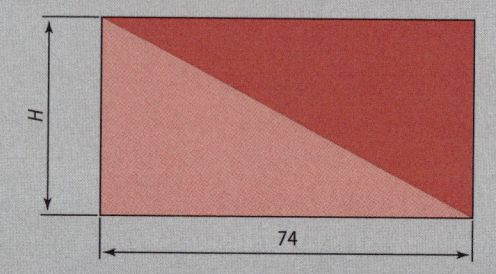

7. Precisamos cortar um círculo de 1.017,36 mm² em uma chapa de aço quadrada. Qual é o comprimento mínimo que deve ter essa chapa?

Ângulos

>> **NO SITE**
Para saber mais sobre ângulos, acesse o ambiente virtual de aprendizagem.

Chamamos de **ângulo** a região do plano limitada por duas semirretas com a mesma origem (veja a Figura 2.13).

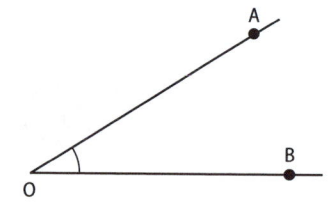

Figura 2.13
Fonte: dos autores.

OA e OB são semirretas. O é o ponto onde as duas semirretas se encontram. A região entre as duas semirretas é o ângulo AÔB. As semirretas AO e OB são chamadas de lados do ângulo, e O é o vértice.

Como tudo o que medimos tem uma unidade de medida, o mesmo acontece com os ângulos. Podemos medir os ângulos em graus (º) ou radianos (rad). Primeiro, vamos falar em graus.

Os ângulos podem ser classificados de acordo com suas medidas, como veremos a seguir.

» Ângulo reto

Quando temos duas semirretas, como na Figura 2.14, dizemos que elas formam um ângulo reto, sendo que o ângulo reto mede 90º.

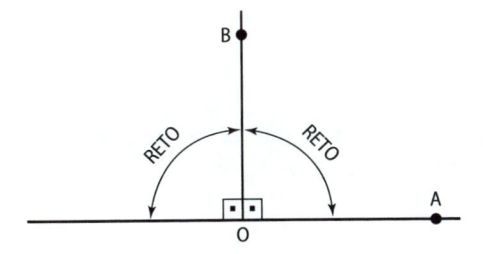

Figura 2.14
Fonte: dos autores.

O ângulo BÔA é um ângulo reto.

» Ângulo agudo

Quando a medida de um ângulo for menor que 90º, dizemos que ele é um ângulo agudo (veja a Figura 2.15).

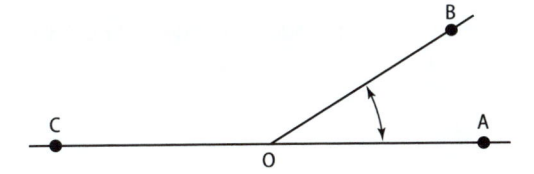

Figura 2.15
Fonte: dos autores.

Aqui, o ângulo BÔA é um ângulo agudo.

❯❯ Ângulo obtuso

Quando a medida de um ângulo for maior que 90º e menor que 180º, dizemos que ele é um ângulo obtuso (veja a Figura 2.16).

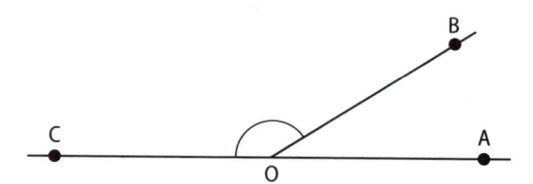

Figura 2.16
Fonte: dos autores.

O ângulo CÔB é um ângulo obtuso.

❯❯ Ângulo raso

Quando um ângulo mede exatamente 180º e seus lados são semirretas opostas, dizemos que é um ângulo raso (veja a Figura 2.17).

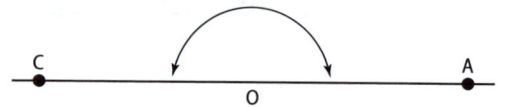

Figura 2.17
Fonte: dos autores.

❯❯ Ângulos complementares e suplementares

Dizemos que dois ângulos são complementares quando a soma de suas medidas vale um ângulo reto (90°). O ângulo de 30°, por exemplo, é complemento de 60°, pois a soma (60° + 30°) é igual a 90°.

Dois ângulos são suplementares quando a soma de suas medidas vale um ângulo raso (180°). O ângulo de 20° é suplemento de 160°, pois sua soma (160° + 20°) é igual a 180°.

Assim como toda unidade de medida, o grau (º) também tem subdivisões, que são o minuto (') e o segundo (").

Tabela 2.2 » **Subdivisões do grau**

Unidade de ângulo	Número de subdivisões	Notação
1 ângulo reto	90 graus	90°
1 grau	60 minutos	60'
1 minuto	60 segundos	60"

Fonte: dos autores.

Assim, temos:

- 1 grau = 1 ângulo reto dividido por 90.
- 1 minuto = 1 grau dividido por 60.
- 1 segundo = 1 minuto dividido por 60.

Se tivermos uma medida de ângulo igual a 35° 48' 36" e quisermos sua medida em graus, então

$$35° \, 48' \, 36" = 35° + 48' + 36"$$
$$= 35° + (48/60)° + (36/3600)°$$
$$= 35° + 0{,}80° = 0{,}01°$$
$$= 35{,}81°$$

» PARA REFLETIR

Onde mais podemos encontrar situações que envolvam medidas de ângulos?

» Operações com ângulos

Para adição de ângulos, basta somarmos os graus, os minutos e os segundos.

>> EXEMPLO

Dados os ângulos 42° 27′ 48″ e 22° 33′ 42″, a soma entre eles é

$$\begin{array}{r}42°\ 27'\ 48''\\ +\ 22°\ 33'\ 42''\\ \hline 64°\ 60'\ 90''\end{array}$$

Representando o resultado de outra forma, temos 90″ = 60″ + 30″ = 1′ + 30″ e 60′ = 1°. Dessa forma, 64° 60′ 90″ = 65° 1′ 30″.

O produto de um ângulo por um número inteiro é um ângulo cuja medida será igual ao produto desse ângulo dado pelo número inteiro.

>> EXEMPLO

1. O dobro de um ângulo de 30° = 2 × 30° = 60°.

2. Para calcular o dobro de 36°25′, fazemos

$$\begin{array}{r}36°25'\\ \times\ \ \ \ 2\\ \hline 72°50'\end{array}$$

3. Para calcular o quintuplo de 12°36′40″, fazemos

$$\begin{array}{r}12°36'40''\\ \times\ \ \ \ \ \ \ \ \ \ 5\\ \hline 60°180'200''\end{array} \longrightarrow (200'' = 3'20'')$$

$$\begin{array}{r}+\ \ \ \ \ \ 3'\ 20''\\ \hline 60°183'\ 20''\end{array} \longrightarrow (183' = 3°3')$$

$$\begin{array}{r}+\ 3°\ \ 3'\\ \hline 63°\ \ 3'\ 20''\end{array}$$

O quociente (divisão) de um ângulo por um número inteiro é um ângulo cuja medida é igual ao quociente entre a medida do ângulo dado e o número inteiro.

» EXEMPLO

1. A metade do ângulo de 60° é dada por $\frac{1}{2} \times 60° = 30°$

2. Para calcular 40°20' : 2, fazemos

   $$\begin{array}{r|l} 40°20' & 2 \\ \hline 00\ 00 & 20°10' \end{array}$$

3. Para calcular 50°17'30" : 6, fazemos

   $$\begin{array}{ccc}
   \begin{array}{r} 50° \\ 2° \end{array} \longrightarrow &
   \begin{array}{r} 17' \\ +120' \\ \hline 137' \\ 5' \end{array} \longrightarrow &
   \begin{array}{r|l} 30" & 6 \\ +300" & 8°22'55" \\ \hline 330" & \\ 00 & \end{array}
   \end{array}$$

» Radianos

Radiano é a unidade de medida de ângulos no sistema circular. É o ângulo central cujos lados determinam um arco que é igual ao raio do círculo (veja a Figura 2.18).

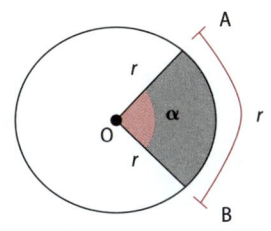

Figura 2.18
Fonte: dos autores.

> » **NO SITE**
> Para saber mais sobre a história da matemática, acesse o ambiente virtual de aprendizagem.

Sendo C o comprimento da circunferência, temos:

$$C = 2\pi r$$

No caso da circunferência trigonométrica $r = 1$, temos:

$C = 2\pi r$ é o comprimento dessa circunferência que mede 360°, então

$$2\pi \text{rad} = 360°$$

$$\pi \text{rad} = 360°/2$$

$$\pi \text{rad} = 180°$$

Essa nova medida do arco de circunferência é chamada de radiano, com a abreviatura *rad*. Logo, 1 πrad é igual a 180º.

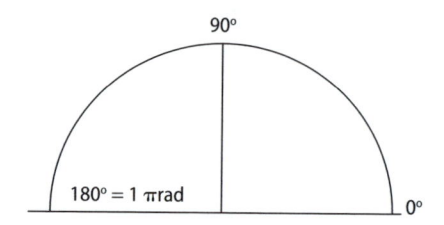

Figura 2.19
Fonte: dos autores.

Para transformar rad em graus, basta aplicar a regra de três simples.

>> EXEMPLO

Transformar 20º em radianos:

graus	radianos
20°	x
180°	πrad

» EXEMPLO

$$180° \cdot x = 20° \cdot \pi \, rad$$

$$x = \frac{20° \cdot \pi \, rad}{180°}$$

$$x = \frac{\pi}{9} \, rad$$

Na conversão de radianos para graus, basta substituir o valor de π por 180°.

$$\frac{\pi}{3} \, rad = \frac{180°}{3} = 60°$$

$$\frac{\pi}{2} \, rad = \frac{180°}{2} = 90°$$

$$\frac{3\pi}{5} \, rad = \frac{3 \cdot 180°}{5} = \frac{540°}{50} = 108°$$

$$\frac{3\pi}{4} \, rad = \frac{3 \cdot 180°}{4} = \frac{540°}{4} = 135°$$

» Atividades

1. Em uma oficina, temos uma chapa cortada em uma inclinação de 75°, e precisamos cortá-la em três partes iguais. Qual será a inclinação de cada uma das partes?

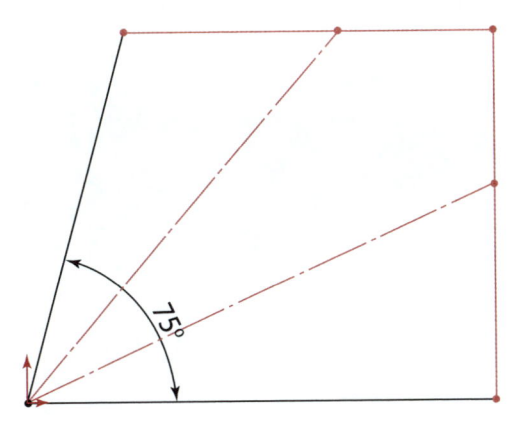

2. Vamos fazer seis furos em uma polia. Qual será a inclinação do centro de cada furo em relação ao anterior?

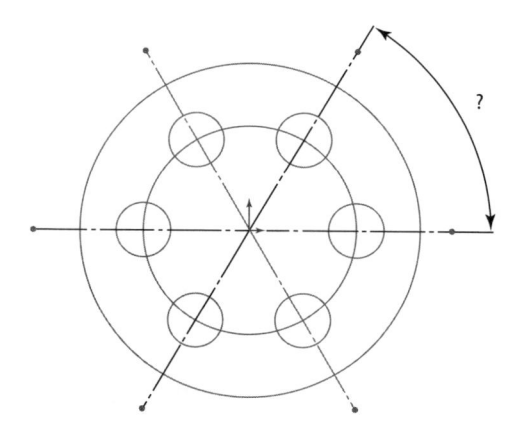

3. Calcule a área desta figura.

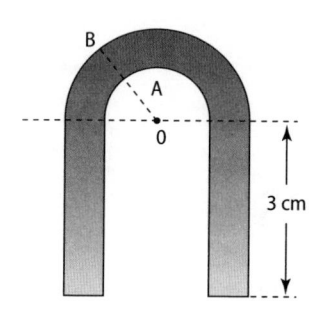

OB = 2 cm e AO = 1,5 cm

4. Calcule a área da parte destacada nas figuras (unidade de medidas em mm).

a)

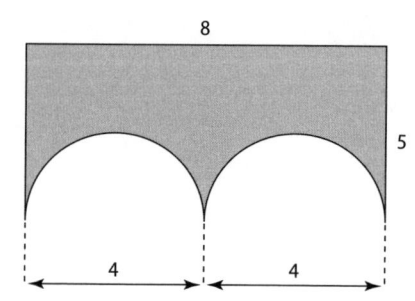

b)

```
    3     3
  ┌───┬───┐
3 │   ◆   │ 3
  ├       ┤
3 │       │ 3
  └───┴───┘
    3     3
```

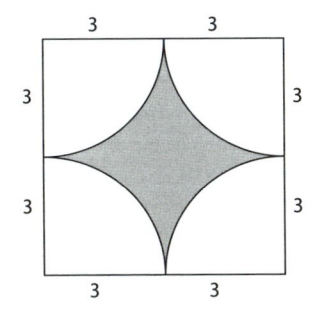

c)

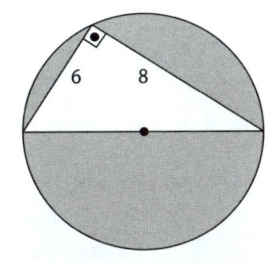

5. Qual é a força máxima de tração que uma barra de aço SAE 2330 com diâmetro de 2,0 cm pode suportar sem se romper?

> **LEITURA RECOMENDADA**
> MATEMÁTICA DIDÁTICA. *Cálculo de área*. [S.l.]: Matemática Didática, c2008-2013. Disponível em: <http://www.matematicadidatica.com.br/GeometriaCalculoAreaFigurasPlanas.aspx>. Acesso em: 15 jan. 2013.

capítulo 3

Uso de funções em processos industriais

Este capítulo aborda a leitura de gráficos e de tabelas, bem como algumas aplicações das funções polinomiais de 1º e 2º graus.

Bases Científicas
- Função polinomial de 1º grau
- Gráficos e tabelas
- Função polinomial 2º grau
- Equações polinomiais do 2º grau

Bases Tecnológicas
- Comportamento de um material
- Gráfico tensão x, deformação
- Sistema de coordenadas
- Cálculos de rotação

Expectativas de Aprendizagem
- Utilizar o conhecimento geométrico para realizar a leitura e a representação da realidade e agir sobre ela.
- Avaliar o resultado de uma medição na construção de um argumento consistente.
- Identificar a relação de função de resistência e ruptura apresentadas em gráficos.
- Avaliar propostas de intervenção na realidade envolvendo variação de grandezas.
- Utilizar conhecimentos algébricos como recurso para a construção de argumentação.

>> Introdução

É comum encontrar gráficos em jornais e revistas que representem relações entre duas grandezas, como, por exemplo, o consumo de suco de uva ao longo dos anos, o índice de analfabetismo ao longo dos anos, entre outros.

Uma **função** é um modo especial de relacionar duas grandezas. Nesse caso, duas grandezas, x e y, se relacionam de tal forma que:

- x pode assumir qualquer valor em um conjunto dado;
- a cada valor de x corresponde um único valor de y em um conjunto dado;
- os valores de y dependem dos valores atribuídos a x.

Em uma função, x é chamado de variável independente e y é chamado de variável dependente, ou seja, y é uma função de x:

$$y = f(x)$$

> **>> NO SITE**
> Para saber mais sobre funções, acesse o ambiente virtual de aprendizagem Tekne: www.bookman.com.br/tekne.

>> Função polinomial do 1º grau

Uma função polinomial é dita de 1º grau quando a cada x pertencente ao conjunto dos números reais associa-se o elemento $(ax + b)$, também pertencente ao conjunto dos números reais, em que a e b são números reais e $a \neq 0$. Em notação matemática:

$$f(x) = a(x) + b \; (a \neq 0)$$

》 EXEMPLO

1. Em uma fábrica, a produção de rebites é de 500 unidades por minuto. Podemos representar essa situação por meio de uma fórmula, de uma tabela ou de um gráfico. Vejamos:

- Por meio de uma fórmula:

Veja que a produção de rebites depende do tempo, e a relação dada é de 500 unidades por minuto. Representando a produção de rebites por $f(x)$ e o tempo por x, podemos escrever:

$$f(x) = 500x$$

- Por meio de uma tabela:

Neste caso, perceba que tanto a produção de rebites quanto o tempo são grandezas não negativas, ou seja, não temos produção nem tempo representados por números negativos. Portanto, só podemos atribuir valores para x maiores ou iguais a zero.

Tempo de produção (min)	Quantidade de rebites
0	0
1	500
2	1.000
3	1.500

- Por meio de um gráfico:

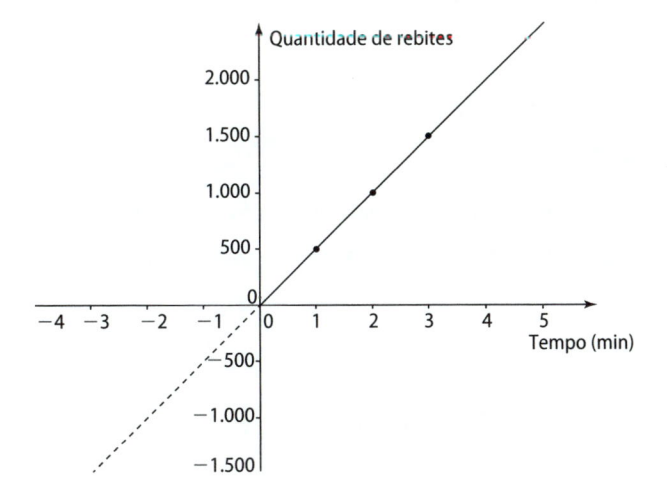

>> EXEMPLO *(continuação)*

Como a função que representa o problema é uma função polinomial de 1º grau, podemos representar a situação por um gráfico. Neste caso, o gráfico é uma reta inclinada e as grandezas são diretamente proporcionais, ou seja, aumentando o tempo de produção, a quantidade de rebites também aumenta proporcionalmente.

Para prever a produção de rebites ao longo do tempo, podemos utilizar qualquer uma das representações. No caso da fórmula, basta substituir o tempo no lugar do *x*. Ou seja, se quisermos saber quantos rebites terão sido produzidos após 5 minutos, fazemos:

$$f(x) = 500 \cdot 5 = 2.500$$

e encontramos que, após 5 minutos, terão sido produzidos 2.500 rebites.

Se estivermos de posse somente da tabela, observe que, se em 1 minuto são produzidos 500 rebites, em 5 minutos serão produzidos 5 vezes mais, ou seja, 2.500 rebites. No caso do gráfico, localize 5 minutos no eixo horizontal, suba até encontrar a reta inclinada, e depois localize o valor correspondente no eixo da vertical, ou seja, você encontrará 2.500 rebites.

2. Em uma fábrica, o custo fixo para a produção de parafusos é de R$ 300,00, mais R$ 2,00 por unidade produzida. Sendo *x* o número de peças produzidas, devemos determinar:

- A função que nos dará o custo da produção pelo número de parafusos.

  $f(x) = 300 + 2x$

- O custo da produção de 450 parafusos.

  $f(450) = 300 + 2 \cdot 450$

  $f(450) = 300 + 900$

  $f(450) = 1.200$

Resposta: O custo da produção de 450 parafusos é de R$ 1.200,00.

Equação polinomial do 2º grau

Denomina-se equação polinomial do 2º grau na variável x toda a equação representada da seguinte forma:

$$ax^2 + bx + c = 0, (a \neq 0)$$

Podemos considerar uma equação do 2º grau completa quando b e c também são diferentes de zero.

>> EXEMPLO

Uma chapa de aço retangular com área de 5.000 cm² tem de largura o dobro da sua altura. Quais são as dimensões dessa chapa?

Temos:

A = 5.000
Altura = x
Largura = 2x

Substituindo:

$5.000 = x \cdot 2x$
$5.000 = 2x^2$
$2x^2 = 5.000$
$x^2 = 5.000 / 2$
$x^2 = 2.500$
$x = \sqrt{2.500}$
$x = \pm 50$

Como estamos falando em medidas, $x = +50$ cm.

Resposta: Nossa chapa terá as dimensões de 100 × 50 cm.

Para solucionar equações completas do 2º grau, podemos utilizar a fórmula de Bhaskara (ou fórmula resolutiva):

$$x = \frac{-b \pm \sqrt{\Delta}}{2a}$$

Onde Δ é dado pela expressão $b^2 - 4 \cdot a \cdot c$ e é chamado de discriminante, pois determina quantas raízes tem uma equação.

>> PARA REFLETIR

Onde mais podemos encontrar situações que envolvam funções?

>> Função polinomial do 2º grau

Uma função polinomial é dita de 2º grau quando associa a cada x pertencente ao conjunto dos números reais o elemento $(ax^2 + bx + c)$, também pertencente ao conjunto dos números reais, em que a, b e c são números reais dados e $a \neq 0$. Em notação matemática:

$$f(x) = ax^2 + bx + c \,(a \neq 0)$$

>> Gráfico

O gráfico da função polinomial do 2º grau é uma parábola cuja concavidade pode estar voltada para cima ou para baixo.

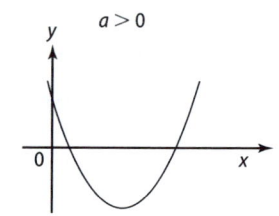

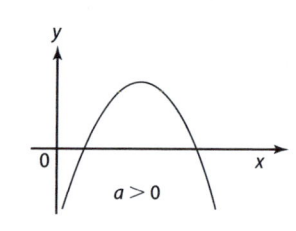

> **>> IMPORTANTE**
> Toda função estabelecida pela lei de formação $f(x) = ax^2 + bx + c$, com a, b e c números reais e $a \neq 0$, é denominada **função polinomial do 2º grau**.

As **funções polinomiais do 2º grau** possuem diversas aplicações no cotidiano, principalmente:

- na física, envolvendo movimento uniformemente variado, lançamento oblíquo, etc.
- na biologia, no estudo da fotossíntese das plantas.
- na administração e contabilidade, relacionando as funções custo, receita e lucro.
- na engenharia civil, em relação às diversas construções.

» Raízes

As raízes de uma função polinomial do 2º grau são os pontos onde a parábola intercepta o **eixo x**.

Dada a função $f(x) = ax^2 + bx + c$, se $f(x) = 0$, obtemos uma equação do 2º grau, $ax^2 + bx + c = 0$.

Dependendo do valor do Δ (delta), podemos ter algumas situações gráficas.

- Com $\Delta > 0$, a função possui **duas raízes reais e distintas**. A parábola intercepta o eixo x em dois pontos distintos, como mostra o gráfico a seguir:

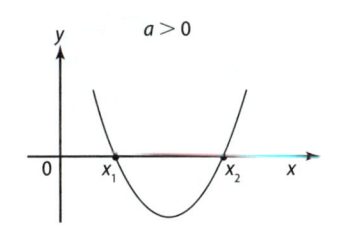

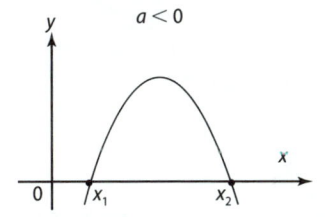

- Com $\Delta = 0$, a função **possui apenas uma raiz real**. A parábola intercepta o eixo x em um único ponto, como mostra o gráfico a seguir:

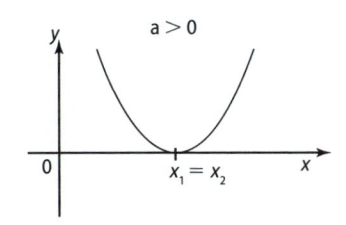

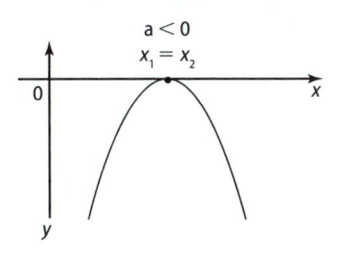

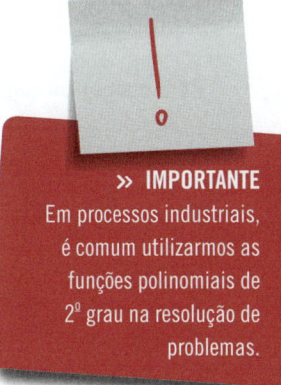

> » **IMPORTANTE**
> Em processos industriais, é comum utilizarmos as funções polinomiais de 2º grau na resolução de problemas.

- Com Δ < 0, a função **não possui raízes reais**. A parábola não intercepta o eixo *x*, como mostra o gráfico a seguir:

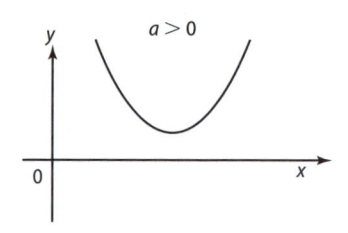

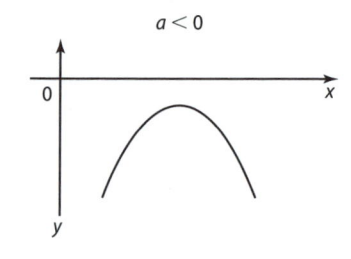

» Vértice

O vértice da parábola determina o ponto máximo ou o ponto de mínimo e divide a parábola em duas simétricas.

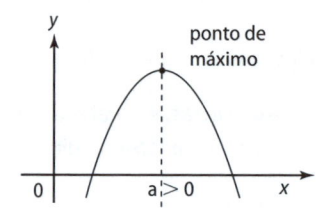

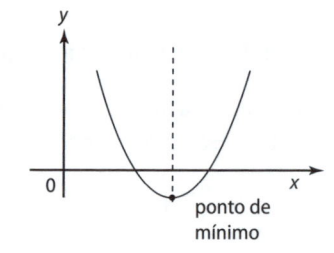

» APLICAÇÃO

As **funções polinomiais** são muito úteis no dia a dia. Uma aplicação simples pode ser realizada quando se pretende obter o aproveitamento máximo de uma área. Pense em uma chapa metálica que tem o formato abaixo e mede 20 cm de comprimento.

Figura 3.1
Fonte: dos autores.

» APLICAÇÃO

Você precisa dobrá-la de modo a construir a estrutura da Figura 3.2.

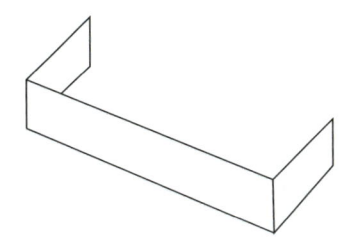

Figura 3.2
Fonte: dos autores.

Sabe-se que essa peça é parte de uma máquina e fica apoiada em um conjunto, formando a figura a seguir:

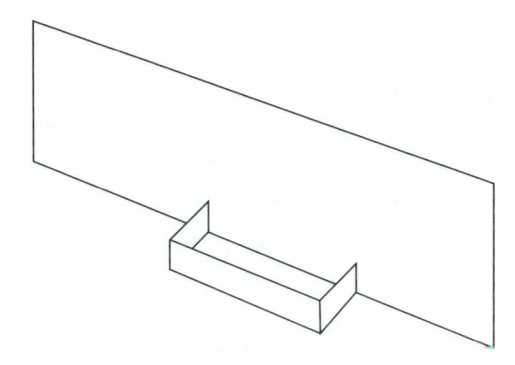

Figura 3.3
Fonte: dos autores.

Na dobra da chapa, o objetivo principal é obter a maior área possível nesse conjunto. Por ser um retângulo, temos dois lados iguais, dois a dois, e os nomeamos como x e L, como na Figura 3.4:

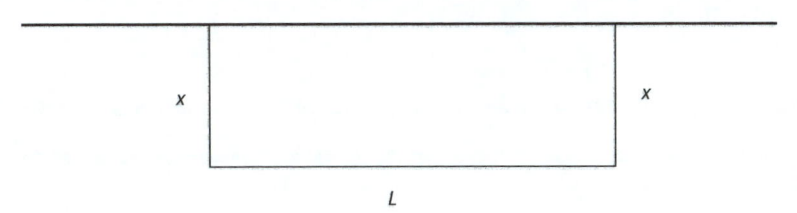

Figura 3.4
Fonte: dos autores.

>> **APLICAÇÃO** *(continuação)*

Lembrando que temos 20 cm de chapa. Então, o perímetro é dado por:

$x + x + L = 20$

$2x + L = 20$

$L = 20 - 2x$

Sabemos que a **área do retângulo** é $A = b \cdot h$. A base nesse caso é L e a altura é x, ou seja:

$A = L \cdot x$

Como $L = 20 - 2x$.

Substituindo L em $A = L \cdot x$, temos:

$A = (20 - 2x) \cdot x$

$A = 20x - 2x^2$

Veja que encontramos uma função polinomial do 2º grau. Precisamos, então, encontrar o valor do comprimento x para que a área da chapa seja máxima. Observe que o gráfico dessa função será uma parábola cuja concavidade está voltada para cima, pois o valor de A é negativo ($A < 0$). As raízes da função $A = (20 - 2x)x$ podem ser obtidas da seguinte forma:

$(20 - 2x)x = 0 \begin{cases} 20 - 2x = 0 \Rightarrow -2x = -20 \Rightarrow x = 10 \\ \text{ou} \\ x = 0 \end{cases}$

Sabendo que o vértice divide a parábola em duas partes simétricas, fazemos $\frac{0+10}{2} = 5$, encontrando assim, que o comprimento x para que a área da chapa seja máxima deve ser 5 cm.

Para saber a área máxima, basta substituir o valor de x na função:

$A = (20 - 2x)x$
$A = (20 - 2 \cdot 5) \cdot 5$
$A = (20 - 10) \cdot 5$
$A = 10 \cdot 5 = 50$

Logo, para $x = 5$ cm, temos uma área de 50 cm², que será a área máxima procurada.

» APLICAÇÃO

Construindo o gráfico, podemos observar que, para valores de x menores que 5 ou maiores que 5, os valores de A serão menores que 50:

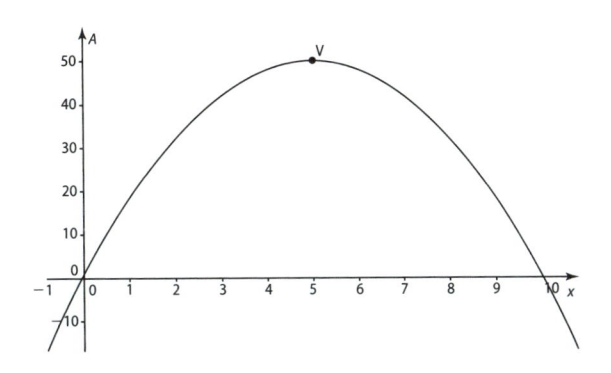

» Atividades

1. Um torneiro mecânico recebe um salário de R$ 1.000,00, mais 5% do valor das peças produzidas por ele. A partir dessas informações:
   a) Escreva a função que representa o salário mensal do torneiro mecânico.
   b) Sabendo que ele produziu R$ 10.000,00 em peças no período de um mês, calcule o seu salário.

2. Uma metalúrgica foi multada por jogar resíduos de pó de ferro em um rio. A multa foi de R$ 126.000,00, mais R$ 1.000,00 por dia até que a situação fosse regulamentada.
   a) Escreva a multa em função do número de dias.
   b) Se a metalúrgica levou 32 dias para regulamentar sua situação, qual foi o valor da multa pago pela empresa?

3. Uma chapa retangular com área de 9.600 cm² tem de largura o triplo de sua altura. Quais são as dimensões da chapa?

4. Um mecânico de usinagem tem um pedaço de chapa de aço na forma de um triângulo retângulo, cujos lados medem 60 cm, 80 cm e 100 cm, e pretende cortar um retângulo cujo tamanho seja o maior possível. Para ganhar tempo, ele quer que os dois lados do retângulo estejam sobre os lados do triângulo. Determine a medida dos lados do retângulo e a sua área.

> **» NO SITE**
> Para aplicação de exercícios relacionados à otimização de áreas na construção civil, acesse o ambiente virtual de aprendizagem.

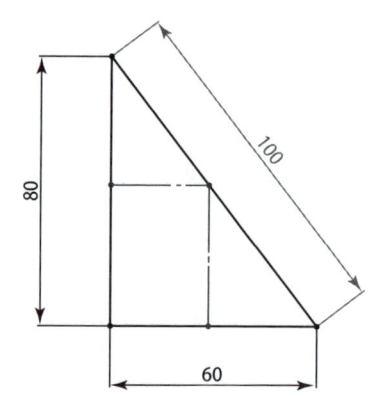

5. Uma chapa metálica retangular tem 216 cm² de área. Seu comprimento é uma vez e meia a sua largura. Quais são as dimensões dessa chapa?

LEITURAS RECOMENDADAS

BABILÓNIOS. Lisboa: Universidade de Lisboa, c2010. Disponível em: <http://www.educ.fc.ul.pt/icm/icm99/icm28/babilonios.htm>. Acesso em: 15 jan. 2013.

BRASIL. Ministério da Educação. Portal do professor. Brasília: MEC, c2008-2011. Disponível em: <http://portaldoprofessor.mec.gov.br/index.html>. Acesso em: 15 jan. 2013.

O Portal do Professor é um espaço para troca de experiências entre professores do ensino fundamental e médio. É um ambiente virtual com recursos educacionais que facilitam e dinamizam o trabalho dos professores. O conteúdo do portal inclui sugestões de aulas de acordo com o currículo de cada disciplina e recursos como vídeos, fotos, mapas, áudio e textos. Nele, o professor poderá preparar a aula, ficará informado sobre os cursos de capacitação oferecidos em municípios e estados e na área federal e sobre a legislação específica.

BRASIL. Ministério da Educação. *WebEduc*: o portal de conteúdos educacionais do MEC. Brasília: SEED/MEC, [2000?]. Disponível em: <http://webeduc.mec.gov.br/>. Acesso em: 15 jan. 2013.

Disponibiliza material de pesquisa, objetos de aprendizagem e outros conteúdos educacionais de livre acesso.

GRAVINA, M. A. O quanto precisamos de tabelas na construção de gráficos de funções? *Revista do Professor de Matemática*, São Paulo, n. 17, p. 27-34, 2. sem. 1990.

ONUCHIC, L. R. *Ensinando matemática através de resolução de problemas*. Rio Claro: UNESP, 2007. (Projeto Inovações no Ensino Básico).

SOUZA, A. J. *Apostila*: processos de fabricação por usinagem parte 1. Porto Alegre: UFRGS, 2011. Disponível em: <http://www.chasqueweb.ufrgs.br/~ajsouza/ApostilaUsinagem_Parte1.pdf>. Acesso em: 15 jan. 2013.

capítulo 4

O ângulo da mesa de seno

Este capítulo aborda usinagem e medidas de peças e suas relações de grandezas, com enfoque na trigonometria.

Bases Científicas
- Trigonometria no triângulo retângulo
- Razões trigonométricas no triângulo retângulo
- Tábua trigonométrica

Bases Tecnológicas
- Cálculos pertinentes ao processo produtivo
- Lei do seno e cosseno
- Trigonometria

Expectativas de Aprendizagem
- Identificar leis matemáticas que expressem a relação de dependência entre duas grandezas.
- Efetuar cálculos a partir de medições com instrumentos.
- Utilizar técnicas de desenho e de representação gráfica com seus fundamentos matemáticos e geométricos.
- Calcular o dimensionamento de componentes e mecanismos de máquinas e equipamentos.

≫ Introdução

> ≫ **DEFINIÇÃO**
> A parte da matemática que estuda as relações entre os lados e os ângulos de um triângulo é chamada de **trigonometria**.

A **trigonometria** surgiu a partir da necessidade de determinar distâncias que não poderiam ser medidas diretamente, principalmente nas grandes navegações, na astronomia e na agrimensura. Hoje, a trigonometria não está limitada a estudar triângulos, sendo aplicada na mecânica, na eletricidade, na acústica, na astronomia e, principalmente, na engenharia.

As relações trigonométricas como o seno, o cosseno e a tangente relacionam medidas de ângulos a medidas de segmentos de retas a eles associados.

Dentro da geometria, o triângulo é a figura mais simples e uma das mais importantes, pois possui definições e propriedades de acordo com a medida de seus lados e de seus ângulos internos. Os triângulos são classificados pela medida dos lados, como veremos a seguir.

Equilátero: possui todos os lados com medidas iguais.

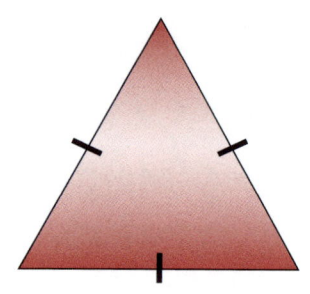

Figura 4.1 Triângulo equilátero.
Fonte: dos autores.

Isósceles: possui dois lados com medidas iguais.

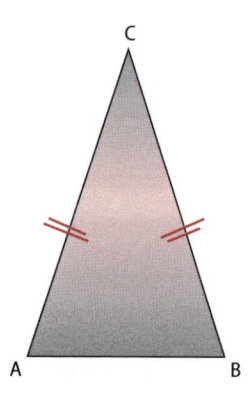

Figura 4.2 Triângulo isósceles.
Fonte: dos autores.

Escaleno: possui todos os lados com medidas diferentes.

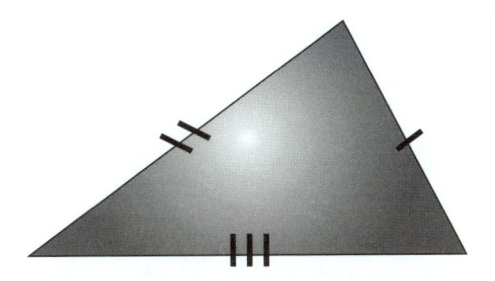

Figura 4.3   Triângulo escaleno.
Fonte: dos autores.

Os triângulos também podem ser classificados pela medida dos seus ângulos internos.

Acutângulo: possui os ângulos internos com medidas menores que 90º.

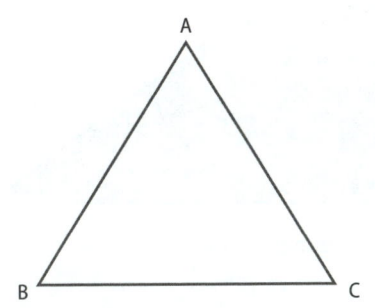

Figura 4.4   Triângulo acutângulo.
Fonte: dos autores.

Obtusângulo: possui um dos ângulos com medida maior que 90º.

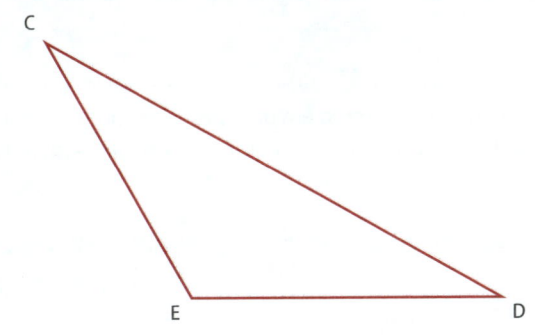

Figura 4.5   Triângulo obtusângulo.
Fonte: dos autores.

>> CURIOSIDADE

A palavra trigonometria significa medida dos ângulos do triângulo. Seu significado etimológico vem do grego:

$$tri \rightarrow três$$
$$gonos \rightarrow ângulo$$
$$metrein \rightarrow medir$$

Triângulo retângulo: possui um ângulo com medida de 90º, chamado de ângulo reto.

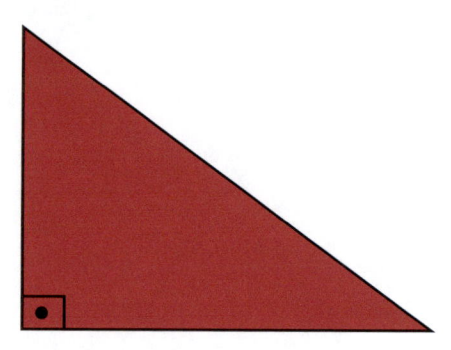

>> **NO SITE**
Para saber mais sobre Pitágoras, acesse o ambiente virtual de aprendizagem Tekne: **www.bookman.com.br/tekne**.

Figura 4.6 Triângulo retângulo.
Fonte: dos autores.

No triângulo retângulo, a relação mais importante é a que descreve a relação entre os seus lados. Essa relação é chamada de **Teorema de Pitágoras**.

>> APLICAÇÃO

Em uma metalúrgica, uma peça será feita para ser encaixada em uma base, conforme a figura abaixo. Para a construção da peça, precisamos da distância (x) entre os furos. Como calcular essa distância? (A unidade de medida é dada em cm.)

≫ APLICAÇÃO

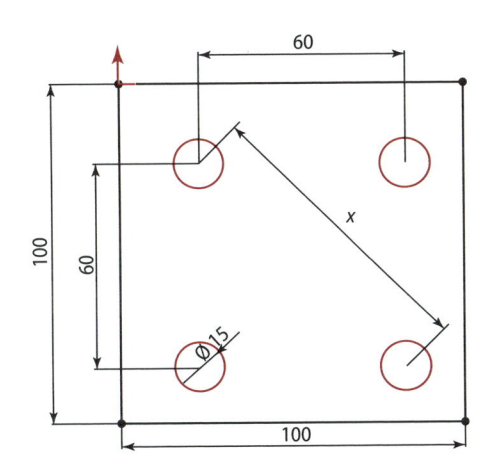

Figura 4.7
Fonte: dos autores.

Em um triângulo retângulo, chamamos de **hipotenusa** o lado oposto ao ângulo de 90°, e de **catetos** os dois lados que formam esse ângulo (veja a Figura 4.8).

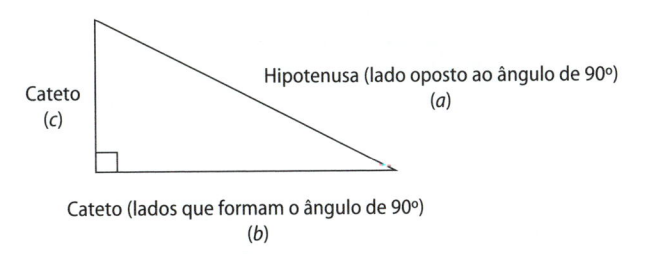

Figura 4.8
Fonte: dos autores.

De acordo com o teorema, o quadrado da hipotenusa é igual à soma dos quadrados dos catetos.

$$a^2 = b^2 + c^2$$

Com o conhecimento do teorema, vamos voltar ao problema inicial. Vamos unir os centros dos furos, conforme a Figura 4.9.

>> **APLICAÇÃO** *(continuação)*

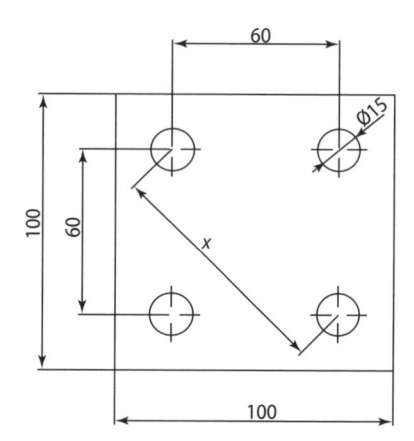

Figura 4.9
Fonte: dos autores.

Destacando a figura, temos:

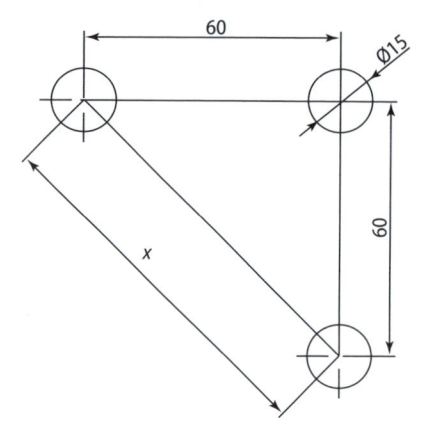

Figura 4.10
Fonte: dos autores.

Formamos um triângulo retângulo, onde *x* é a medida da hipotenusa, e os catetos medem 60 cm. Agora, podemos usar o Teorema de Pitágoras.

$x^2 = 60^2 + 60^2$

$x^2 = 3.600 + 3.600$

$x^2 = 7.200$

$x = \sqrt{7.200}$

$x = 84,85$ cm

>> APLICAÇÃO

Portanto, a distância entre os dois centros é de 84,85 cm.

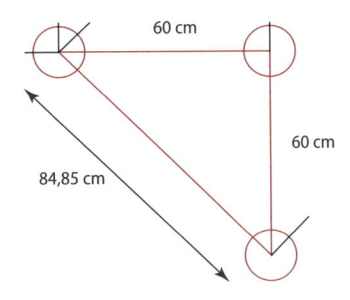

Figura 4.11
Fonte: dos autores.

>> PARA REFLETIR

Em que outros contextos podemos aplicar o Teorema de Pitágoras?

>> EXEMPLO

Nas figuras abaixo, qual deve ser o menor diâmetro de uma barra de alumínio para usinar em sua ponta um quadrado de 25 mm de lado?

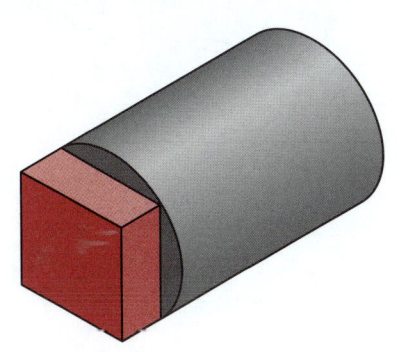

Figura 4.12
Fonte: dos autores.

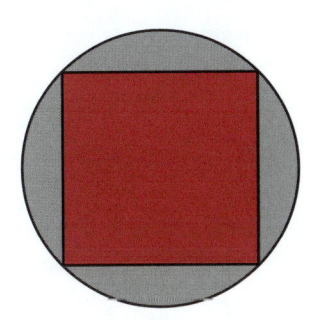

Figura 4.13
Fonte: dos autores.

>> EXEMPLO (continuação)

Resposta: O menor diâmetro da barra será a diagonal do quadrado que queremos usinar. Logo, podemos aplicar o Teorema de Pitágoras.

$$x^2 = 25^2 + 25^2$$
$$x^2 = 625 + 625$$
$$x^2 = 1.250$$
$$x = \sqrt{1.250}$$
$$x = 35,36 \text{ mm}$$

>> Trigonometria do triângulo retângulo

Suponha que, em um laboratório de metrologia, vamos fazer uma medição com uma mesa de seno que precisará ter uma inclinação de 25°. Colocaremos blocos padrão sobre o desempeno para fazer essa inclinação, e, então, precisamos saber qual deve ser a altura x para levantar a ponta da mesa (veja a Figura 4.14). (A unidade de medida está em mm.)

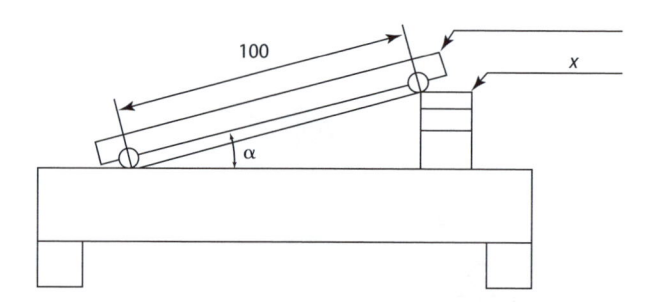

Figura 4.14
Fonte: dos autores.

Nem sempre dispomos de todas as medidas dos lados do triângulo retângulo, na maioria das vezes precisamos calculá-la. Para isso, usaremos as relações das medidas de seus lados e seus ângulos, que são chamadas de **razões trigonométricas**.

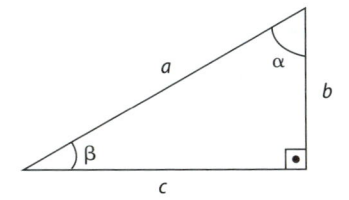

Figura 4.15
Fonte: dos autores.

As principais razões trigonométricas do triângulo retângulo são:

Seno: define-se como a razão entre o cateto oposto ao ângulo e a hipotenusa.

Para o ângulo α, temos:

$$\text{sen } \alpha = \frac{\text{cateto oposto }(c)}{\text{hipotenusa }(a)}$$

Cosseno: define-se como a razão entre o cateto adjacente ao ângulo e a hipotenusa.

$$\cos \alpha = \frac{\text{cateto adjacente }(b)}{\text{hipotenusa }(a)}$$

Tangente: define-se como a razão entre o cateto oposto ao ângulo e o cateto adjacente a esse ângulo.

$$\text{tg } \alpha = \frac{\text{cateto oposto }(a)}{\text{cateto adjacente }(b)} \quad \text{ou} \quad \text{tg } \alpha = \frac{\text{sen } \alpha}{\cos \alpha}$$

Podemos recorrer a uma tábua trigonométrica que indica os valores do seno, do cosseno e da tangente de ângulos de 1º até 89º. (Esses valores também podem ser obtidos com uma calculadora científica.)

TÁBUA TRIGONOMÉTRICA

	seno	cosseno	tangente		seno	cosseno	tangente		seno	cosseno	tangente
1°	0,01745	0,99985	0,01746	30°	0,5	0,86603	0,57735	60°	0,86603	0,5	1,73205
2°	0,0349	0,99935	0,03492	31°	0,51504	0,85717	0,60086	61°	0,87462	0,48481	1,80405
3°	0,05234	0,99863	0,05241	32°	0,52992	0,84805	0,62487	62°	0,88295	0,46947	1,88073
4°	0,06976	0,99756	0,06993	33°	0,54464	0,83867	0,64941	63°	0,89101	0,45399	1,96261
5°	0,08716	0,9962	0,08749	34°	0,55919	0,82904	0,67451	64°	0,89879	0,43837	2,0503
6°	0,10453	0,99452	0,1051	35°	0,57358	0,81915	0,70021	65°	0,90631	0,42262	2,14451
7°	0,12187	0,99255	0,12279	36°	0,58779	0,80902	0,72654	66°	0,91355	0,40674	2,24604
8°	0,13917	0,99027	0,14054	37°	0,60182	0,79864	0,75355	67°	0,92051	0,39073	2,35585
9°	0,15643	0,98769	0,15838	38°	0,61566	0,78801	0,78129	68°	0,92718	0,37461	2,47509
10°	0,17365	0,98481	0,17633	39°	0,62932	0,77715	0,80978	69°	0,93358	0,35837	2,60509
11°	0,19081	0,98163	0,19438	40°	0,64279	0,76604	0,8391	70°	0,93969	0,34202	2,74748
12°	0,20791	0,97815	0,21256	41°	0,65606	0,75471	0,86929	71°	0,94552	0,32557	2,90421
13°	0,22495	0,97437	0,23087	42°	0,66913	0,74315	0,9004	72°	0,95106	0,30902	3,07768
14°	0,24192	0,9703	0,24933	43°	0,682	0,73135	0,93252	73°	0,95631	0,29237	3,27085
15°	0,25882	0,96593	0,26795	44°	0,69466	0,71934	0,96569	74°	0,96126	0,27564	3,48741
16°	0,27564	0,96126	0,28675	45°	0,70711	0,70711	1	75°	0,96593	0,25882	3,73205
17°	0,29237	0,95631	0,30573	46°	0,71934	0,69466	1,03553	76°	0,9703	0,24192	4,01078
18°	0,30902	0,95106	0,32492	47°	0,73135	0,682	1,07237	77°	0,97437	0,22495	4,33148
19°	0,32557	0,94552	0,34433	48°	0,74315	0,66913	1,11061	78°	0,97815	0,20791	4,70463
20°	0,34202	0,93969	0,36397	49°	0,75471	0,65606	1,15037	79°	0,98163	0,19081	5,14455
21°	0,35837	0,93358	0,38386	50°	0,76604	0,64279	1,19175	80°	0,98481	0,17365	5,67128
22°	0,37461	0,92718	0,40403	51°	0,77715	0,62932	1,2349	81°	0,98769	0,15643	6,31375
23°	0,39073	0,92051	0,42448	52°	0,78801	0,61566	1,27994	82°	0,99027	0,13917	7,11537
24°	0,40674	0,91355	0,44523	53°	0,79864	0,60182	1,32705	83°	0,99255	0,12187	8,14435
25°	0,42262	0,90631	0,46631	54°	0,80902	0,58779	1,37638	84°	0,99452	0,10453	9,51436
26°	0,43837	0,89879	0,48773	55°	0,81915	0,57358	1,42815	85°	0,9962	0,08716	11,4301
27°	0,45399	0,89101	0,50953	56°	0,82904	0,55919	1,48256	86°	0,99756	0,06976	14,3007
28°	0,46947	0,88295	0,53171	57°	0,83867	0,54464	1,53987	87°	0,99863	0,05234	19,0811
29°	0,48481	0,87462	0,55431	58°	0,84805	0,52992	1,60034	88°	0,99939	0,0349	28,6363
				59°	0,85717	0,51504	1,66428	89°	0,99985	0,01745	57,29

Temos um triângulo retângulo com a medida da hipotenusa igual a 100 mm, e o ângulo de inclinação igual a 25°. Precisamos calcular o cateto oposto a esse ângulo, então, usaremos o seno.

sen 25° = x/100

>> **NO SITE**
Para saber mais sobre o ciclo trigonométrico, acesse o ambiente virtual de aprendizagem.

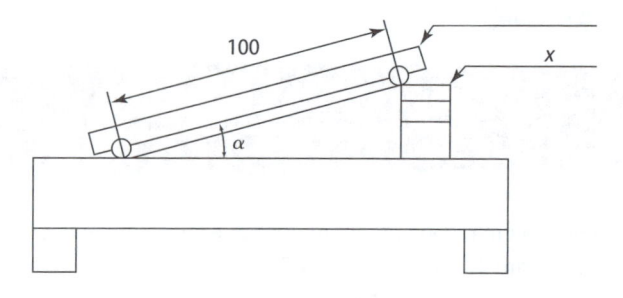

Figura 4.16
Fonte: dos autores.

Consultando a tábua trigonométrica, temos:

sen 25° = 0,42262

Substituindo:

sen 25° = x / 100

0,42262 = x / 100

$0{,}42262 = \dfrac{x}{100}$

$x = 0{,}42262 \cdot 100$

$x = 42{,}262$ mm

Para obter a inclinação de 25º, utilizaremos blocos padrão para dar a altura de 42,262 mm.

>> EXEMPLO

Em uma oficina, é preciso fazer um corte em uma peça com o formato da Figura 4.17. Qual é o valor de *x*? (A unidade de medida está em mm.)

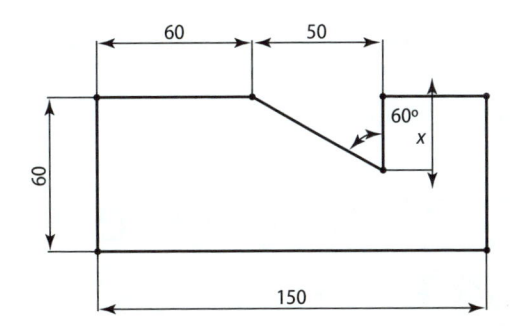

Figura 4.17
Fonte: dos autores.

Destacando parte da figura, observamos um triângulo retângulo:

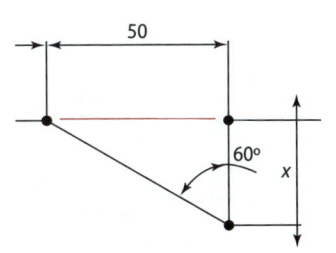

Figura 4.18
Fonte: dos autores.

Temos o cateto oposto de 50 mm e um ângulo de 60°.

>> EXEMPLO

Observe que:

$$\operatorname{tg} \alpha = \frac{\text{cateto oposto}}{\text{cateto adjacente}}$$

Pela tabela, temos que:

tg 60° = $\sqrt{3}$

substituindo, temos:

$\sqrt{3} = \frac{50}{x} \rightarrow x = \frac{50}{\sqrt{3}}$

Resposta: $x = 28{,}54$ mm.

>> Atividades

>> NO SITE
Para saber mais sobre a história da geometria, acesse o ambiente virtual de aprendizagem.

1. Precisamos usinar a ponta de uma barra circular no formato hexagonal, ou seja, essa ponta terá 6 lados iguais. A unidade de medida está em milímetros (mm).

   Nos processos industriais, surgem problemas em que precisamos usinar uma **ponta de forma hexagonal**, ou seja, essa ponta tem seis lados, conforme mostram as figuras a seguir.

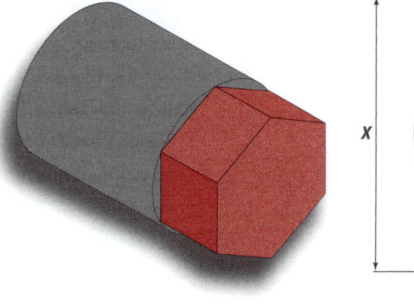

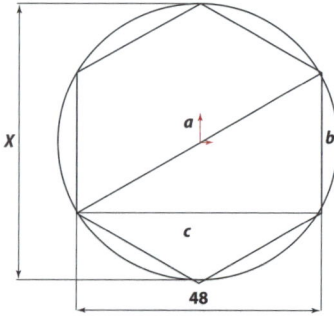

   Aqui você vai calcular a medida desconhecida, determinando o diâmetro que a barra cilíndrica deve ter. Qual é a medida do lado do hexágono?

2. Precisamos usinar uma **peça cônica** conforme o desenho. Que inclinação temos que dar no carro superior do torno?

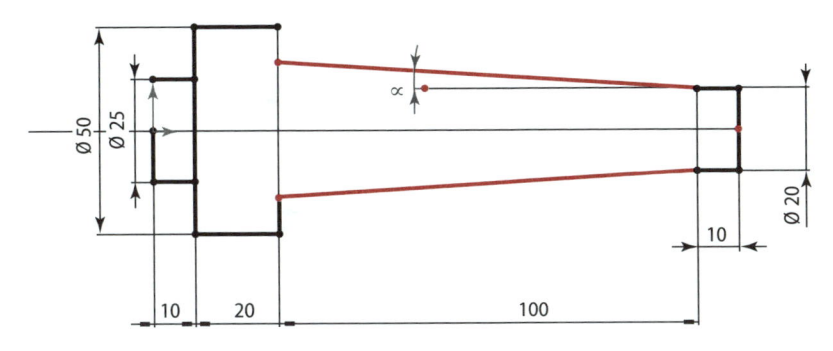

3. Calcule as distâncias *AB* e *AC*.

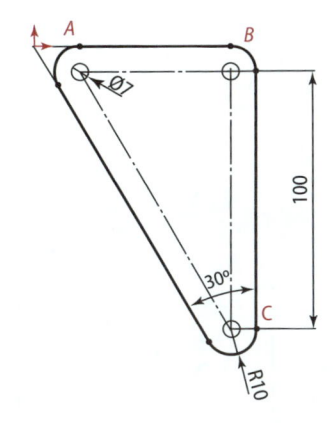

4. Calcule o valor de *x*.

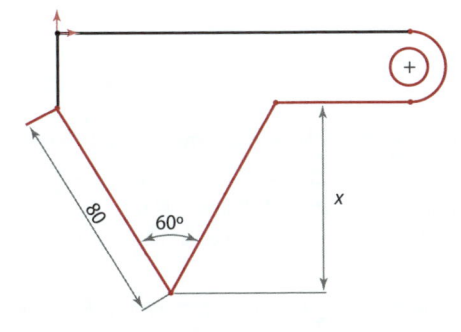

5. Elabore uma situação que envolva o cálculo de seno e cosseno. Unidade de medida em centímetros (cm).

6. Todas as unidades de medida estão em milímetros (mm). Calcule o valor das medidas faltantes:

a)

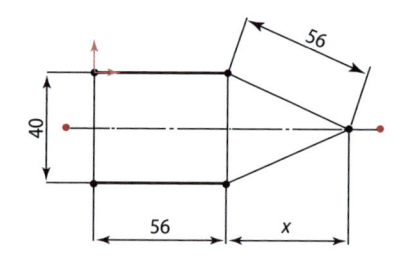

b)

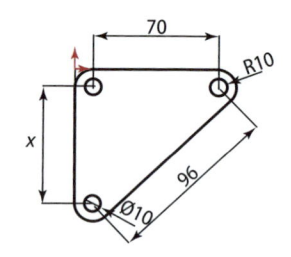

c)

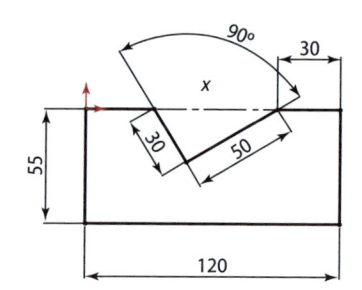

LEITURAS RECOMENDADAS

GUELLI, O. *Contando a história da matemática:* dando corda na trigonometria. 2. ed. São Paulo: Ática, 1998. p. 48-59.

PALMA, C. *Unidade 8:* trigonometria no triângulo retângulo. [S.l.]: Professor Clayton Palma, [2000?]. Disponível em: <http://profclaytonpalma.netspa.com.br/MATEMATICA1SERIE/Trigonometrianotriangulorectangulo.pdf>. Acesso em: 15 jan. 2013.

SIMIONATO, I. M.; PACHECO, E. R. *Um olhar histórico à trigonometria como fonte de motivação em sala de aula.* Curitiba: SEED/PR, 2007. Disponível em: <http://www.diaadiaeducacao.pr.gov.br/portals/pde/arquivos/700-4.pdf>. Acesso em: 15 jan. 2013.

capítulo 5

Variações de medidas na usinagem de peças

Este capítulo abordará alguns conceitos estatísticos que são utilizados no Controle estatístico do processo (CEP).

Bases Científicas
- População e amostra
- Média, mediana, moda
- Distribuição de frequência
- Variância e desvio padrão
- Análise e interpretação de dados e tabelas

Bases Tecnológicas
- Gerência do processo de trabalho usando ferramenta da qualidade
- Controle estatístico do processo

Expectativas de Aprendizagem
- Aplicar conceitos de estatística.
- Acompanhar a coleta de dados para formulação de problemas.
- Interpretar dados de amostras e realizar inferência a partir deles.
- Conhecer e aplicar em situações apropriadas os conceitos de média, mediana e moda.
- Identificar situações-problema que envolvam controle de qualidade.

>> Introdução

De acordo com Montgomery (2004),

> Qualquer processo de produção, independentemente de quão bem projetado ou mantido ele seja, sempre estará sujeito a uma variabilidade natural ou inerente, que é resultado do efeito cumulativo de muitas causas pequenas e inevitáveis, chamadas de causas casuais. Quando um processo está operando apenas com essas causas casuais, este está sob controle estatístico.

Quando fabricamos um grande lote de peças, torna-se impossível obter a exatidão das medidas finais das peças, ou seja, as medidas do desenho. Essas **medidas podem variar** durante o processo por vários motivos: desgaste da ferramenta, erros das máquinas operatrizes, falta de calibração nos instrumentos de medição ou erros de medidas. Portanto, devemos predefinir o intervalo dos limites entre os quais as medidas serão aceitáveis dentro do processo.

Segundo Ribeiro e ten Caten (2012), para se obter a redução sistemática da variabilidade nas características da qualidade de interesse, utiliza-se o **controle estatístico do processo** (CEP), uma técnica estatística aplicada à produção que contribui para a melhoria da qualidade intrínseca, da produtividade, da confiabilidade e do custo do que está sendo produzido.

Em folhas de processos de fabricação, é comum vermos um desenho técnico com anotações (unidade de medida em milímetros):

> **NO SITE**
> Para saber mais sobre o controle estatístico do processo, acesse o ambiente virtual de aprendizagem Tekne: **www.bookman.com.br/tekne**.

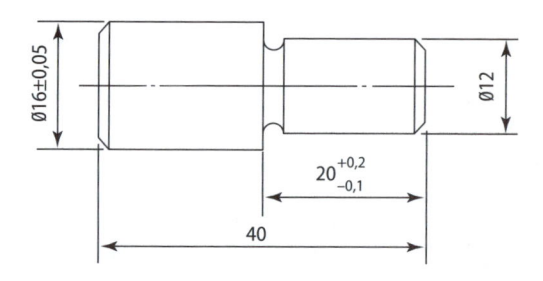

Figura 5.1
Fonte: dos autores.

Essas anotações são chamadas de **medidas com tolerância** ou **campos de tolerância**.

No caso do pino acima, as medidas do diâmetro poderão variar de 15,95 a 16,05 mm. As peças só poderão ser aceitas nesse intervalo. Esse intervalo é chamado de **intervalo de confiança**.

Vamos utilizar algumas medidas estatísticas para organizar os valores da amostra, identificando se os mesmos estão dentro do intervalo de confiança.

Tabela primitiva e rol

Suponha uma coleta de dados relativos aos diâmetros de 20 pinos que compõem uma amostra de um lote de pinos produzidos por uma máquina, resultando na seguinte tabela de valores:

Tabela 5.1 » Diâmetros de 20 pinos de um lote

16,04	16,05	16,07	16,01	15,96	15,90	16,07	16,02	16,01	16,03
15,94	15,97	15,93	15,94	15,99	16,02	16,04	16,00	15,99	15,99

Fonte: dos autores.

Chamamos a Tabela 5.1 de **tabela primitiva**, pois os dados não estão numericamente organizados. Uma maneira simples de organizar os dados é fazer uma ordenação (crescente ou decrescente). A tabela assim obtida é chamada de **rol**.

Tabela 5.2 » Diâmetros de 20 pinos de um lote

15,90	15,93	15,94	15,94	15,96	15,97	15,99	15,99	15,99	16,00
16,01	16,01	16,02	16,02	16,03	16,04	16,04	16,05	16,07	16,07

Fonte: dos autores.

Dessa forma, conseguimos saber facilmente o menor diâmetro obtido (15,90 mm) e o maior diâmetro (16,07 mm).

Distribuição de frequência

Na introdução, a variável analisada é o diâmetro, e ela será mais bem analisada quando dispusermos dos dados coletados em uma coluna e ao lado de cada dado, a quantidade de vezes que ele aparece repetido, ou seja, a **frequência** com a qual ele aparece. Assim, podemos construir uma tabela chamada de **distribuição de frequência**.

> **DEFINIÇÃO**
> **Variável contínua** é uma variável quantitativa que pode assumir qualquer valor entre dois limites, ou seja, por meio de uma medição.

> **DEFINIÇÃO**
> **Variável discreta** é uma variável quantitativa que só pode assumir valores dentro de um conjunto enumerável, ou seja, por meio de contagem.

Tabela 5.3 » **Diâmetros de 20 pinos de um lote**

Diâmetro (mm)	Frequência
15,90	1
15,93	1
15,94	2
15,96	1
15,97	1
15,99	3
16,00	1
16,01	2
16,02	2
16,03	1
16,04	2
16,05	1
16,07	2

Fonte: dos autores.

Veja que esse processo é ainda extenso. Para uma melhor visualização, economia de espaço e por ser uma **variável contínua**, agrupamos os valores em intervalos de classe.

Tabela 5.4 » **Diâmetros de 20 pinos de um lote**

Diâmetros (mm)	Frequência
15,90 ⊢ 15,93	1
15,93 ⊢ 15,96	3
15,96 ⊢ 15,99	2
15,99 ⊢ 16,02	6
16,02 ⊢ 16,05	5
16,05 ⊢ 16,08	3

Fonte: dos autores.

Para a construção dessa tabela não é necessário fazer o rol; podemos construir diretamente a distribuição de frequência com intervalos de classe.

» Elementos de uma distribuição de frequência com intervalos de classe

- **Classes de frequência:** são os intervalos de variação da variável, representados por *i*, sendo $i = 1, 2, 3, ..., k$, onde k é o número total de classes. Em nosso exemplo $k = 6$.

Para determinar o número de classes podemos utilizar a Regra de Stuges:

$$k = 1 + 3,3 \cdot \log n$$

onde k é o número total de classes e n é o número total de dados.

- **Limites de classe:** são os extremos de cada classe, o menor número é o limite inferior (ℓ_i) e o maior número, o limite superior (L_i). O símbolo ⊢ significa inclusão de (ℓ_i) e exclusão de L_i. Em nosso exemplo, o limite inferior da 2ª classe é 15,93 e o limite superior é 15,96.
- **Amplitude de um intervalo de classe (h_i):** é a diferença entre o limite superior e o limite inferior da classe, $h = L_i - \ell_i$. Em nosso exemplo, $h_3 = L_3 - \ell_3 = 15,99 - 15,96 = 0,03$ mm.
- **Amplitude total da distribuição (AT):** é a diferença entre o limite superior da última classe e o limite inferior da primeira classe. Em nosso exemplo, $AT = 16,08 - 15,90 = 0,18$ mm.
- **Ponto médio de uma classe (x_i):** é o ponto que divide o intervalo de classe em duas partes iguais. Para obtermos o ponto médio de uma classe, fazemos a média aritmética dos limites da classe. Assim, o ponto médio da quarta classe de nosso exemplo, é

$$x_4 = \frac{L_4 - \ell_4}{2} = \frac{16,02 - 15,99}{2} = \frac{0,03}{2} = 0,015 \text{ mm}$$

- **Frequência simples ou absoluta (f_i):** quantidade de vezes que o elemento aparece na amostra, ou quantidade de elementos pertencentes a uma classe.
- **Frequência relativa (fr_i):** razão entre a frequência simples e o número total de dados. Pode ser dada na forma decimal ou em porcentagem. Em nosso exemplo, a frequência relativa da:
  - **1ª classe:** $fr_1 = \dfrac{1}{20} = 0,05 = 5\%$
  - **2ª classe:** $fr_1 = \dfrac{3}{20} = 0,15 = 15\%$
  - **3ª classe:** $fr_1 = \dfrac{2}{20} = 0,10 = 10\%$
  - **4ª classe:** $fr_1 = \dfrac{6}{20} = 0,30 = 30\%$
  - **5ª classe:** $fr_1 = \dfrac{5}{20} = 0,25 = 25\%$
  - **6ª classe:** $fr_1 = \dfrac{3}{20} = 0,15 = 15\%$

Voltando à nossa introdução, temos a seguinte tabela de distribuição de frequências:

Tabela 5.5 » **Distribuição de frequências**

i	Diâmetros (mm)	x_i	f_i	fr_i
1	15,90 ⊢ 15,93	15,915	1	5%
2	15,93 ⊢ 15,96	15,945	3	15%
3	15,96 ⊢ 15,99	15,975	2	10%
4	15,99 ⊢ 16,02	16,005	6	30%
5	16,02 ⊢ 16,05	16,035	5	25%
6	16,05 ⊢ 16,08	16,065	3	15%
			$\Sigma f_i = 20$	$\Sigma fr_i = 100\%$

Σ: símbolo de somatório.

Fonte: dos autores.

» Representação gráfica de uma distribuição

Uma distribuição de frequência pode ser representada por um **histograma**. O histograma é um tipo de gráfico de barras, as quais estão justapostas. A largura de cada barra representa intervalos de classe da grandeza considerada e a altura representa a frequência absoluta ou a frequência relativa de dados correspondentes a cada intervalo.

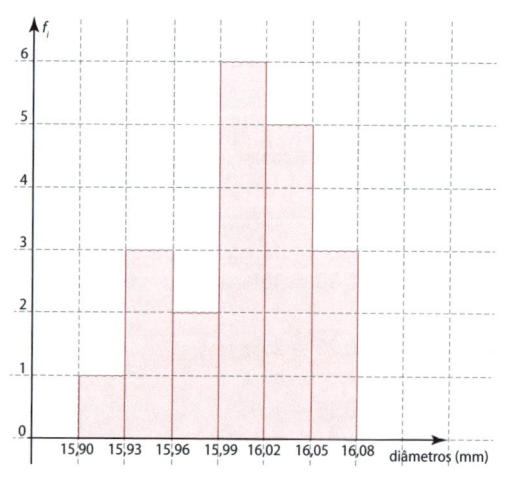

Figura 5.2 Histograma de frequências absolutas.
Fonte: dos autores.

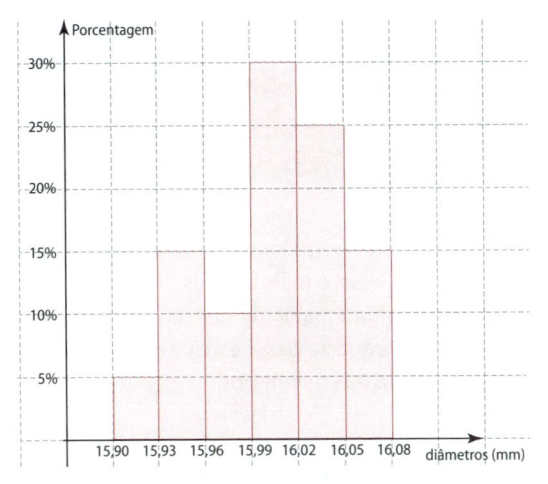

Figura 5.3 Histograma de frequências relativas.

Medidas de posição

As medidas de posição mais importantes são as **medidas de tendência central**: média aritmética, moda e mediana.

Média aritmética ($\bar{x}$)

É o quociente da divisão da somatória dos valores da variável pela quantidade de dados.

Para dados agrupados com intervalo de classe, utilizamos a média aritmética ponderada:

$$\bar{x} = \frac{\Sigma x_i f_i}{\Sigma f_i}$$

Voltando ao nosso exemplo, abrimos uma coluna para os produtos $x_i f_i$:

Tabela 5.6 » Distribuição de frequências

i	Diâmetros (mm)	x_i	f_i	$x_i f_i$
1	15,90 ⊢ 15,93	15,915	1	15,915
2	15,93 ⊢ 15,96	15,945	3	47,835
3	15,96 ⊢ 15,99	15,975	2	31,950
4	15,99 ⊢ 16,02	16,005	6	96,030
5	16,02 ⊢ 16,05	16,035	5	80,175
6	16,05 ⊢ 16,08	16,065	3	48,195
			$\Sigma f_i = 20$	$\Sigma x_i f_i = 320,100$

Fonte: dos autores.

> **» NO SITE**
> Para saber mais sobre média, mediana e moda, e exercitar seus conhecimentos por meio de jogos, acesse o ambiente virtual de aprendizagem.

Neste caso, temos:

$$\bar{x} = \frac{\Sigma x_i f_i}{\Sigma f_i} = \frac{320,100}{20} = 16,005 \text{ mm}$$

Moda (Mo)
É o valor que ocorre com maior frequência em uma série de dados. Para dados agrupados com intervalo de classe, o método mais simples para o cálculo da moda é localizar a classe que apresenta a maior frequência e calcular o ponto médio dessa classe. Em nosso exemplo, a quarta classe é a que apresenta a maior frequência. Ou seja, a moda será igual a 16,005 milímetros.

Mediana (Md)
É o valor situado de tal forma no conjunto de dados que o separa em dois subconjuntos de mesmo número de elementos. Para dados agrupados com intervalo de classe, o primeiro passo é determinar a classe na qual se encontra a mediana. Tal classe será aquela que corresponde à frequência acumulada imediatamente superior a $\frac{\Sigma f_i}{2}$.

Assim, considerando a tabela de distribuição de frequências (Tabela 5.7), temos:
$\frac{\Sigma f_i}{2} = \frac{20}{2} = 10$.

> **DEFINIÇÃO**
> **Frequência acumulada** (Fac_i) é o total das frequências de todos os valores inferiores ao limite superior do intervalo de uma dada classe:
> $Fac_i = f_1 + f_2 + ... + f_i$

Tabela 5.7 » Distribuição de frequências

i	Diâmetros (mm)	f_i	Fac_i	
1	15,90 ⊢ 15,93	1	1	
2	15,93 ⊢ 15,96	3	4	
3	15,96 ⊢ 15,99	2	6	
4	15,99 ⊢ 16,02	6	12	Classe mediana
5	16,02 ⊢ 16,05	5	17	
6	16,05 ⊢ 16,08	3	20	
		$\Sigma f_i = 20$		

Fonte: dos autores.

Como há 12 valores incluídos nas quatro primeiras classes da distribuição e como pretendemos encontrar o valor que ocupa a 10ª posição, a partir do início da série, vemos que ele deve estar localizado na quarta classe (i = 4), supondo que as frequências dessa classe estejam uniformemente distribuídas.

Veja que, nessa classe, há 6 elementos (*f*), o intervalo da classe (*h*) é 0,03, o limite inferior (ℓ) é 15,99 e a frequência acumulada (*Fac*) da classe anterior a classe mediana é 6. De posse desses valores, substituímos na fórmula:

$$Md = \ell + \frac{\left[\frac{\Sigma f_i}{2} - Fac\,(\text{anterior})\right] \cdot h}{f}$$

$$Md = 15{,}99 + \frac{[10 - 6] \cdot 0{,}03}{6} = 15{,}99 + \frac{4 \cdot 0{,}03}{6} = 15{,}99 + \frac{0{,}12}{6} = 15{,}99 + 0{,}02$$

$$Md = 16{,}01 \text{ mm}$$

Medidas de dispersão

A variância e o desvio padrão são as medidas de dispersão mais utilizadas, pois não são influenciadas pelos valores extremos de um conjunto de dados.

A **variância** (S^2) é baseada nos desvios em torno da média aritmética, porém determinando a média aritmética dos quadrados dos desvios:

$$S^2 = \frac{\Sigma (x_i - \bar{x})^2 \cdot f_i}{n}$$

Como a variância é calculada a partir dos quadrados dos desvios, ela se torna um inconveniente, na medida em que é um número em unidade quadrada. Por isso, estabeleceu-se uma nova medida com interpretação prática: o desvio padrão. O **desvio padrão** (S) é a raiz quadrada da variância.

Para o cálculo da variância, vamos acrescentar mais duas colunas na tabela do nosso exemplo, e, lembrando que a média é $\bar{x} = 16{,}005$, temos:

Tabela 5.8 » **Distribuição de frequências**

i	Diâmetros (mm)	x_i	f_i	$(xI - \bar{x})^2$	$(x_i - \bar{x})^2 \cdot f_i$
1	15,90 ⊢ 15,93	15,915	1	0,0081	0,0081
2	15,93 ⊢ 15,96	15,945	3	0,0036	0,0108
3	15,96 ⊢ 15,99	15,975	2	0,0009	0,0018
4	15,99 ⊢ 16,02	16,005	6	0,0000	0,0000
5	16,02 ⊢ 16,05	16,035	5	0,0009	0,0018
6	16,05 ⊢ 16,08	16,065	3	0,0036	0,0108
			$\Sigma f_i = 20$		0,0333

Fonte: dos autores.

Logo, $S^2 = \frac{0{,}0333}{20} = 0{,}001665$ e $S = \sqrt{0{,}001665} \cong 0{,}04080 = 0{,}04$

Interpretando esses valores, temos que os valores da distribuição estão em torno de 16,005 mm e seu grau de concentração é de aproximadamente 0,04. Podemos então dizer que os diâmetros dos pinos se encontram em (16,005 ± 0,04) mm, ou seja, estão no intervalo entre 15,965 mm e 16,045 mm. Veja que nossa amostra está dentro do intervalo de confiança citado no início do capítulo (15,95 mm a 16,05 mm).

» PARA REFLETIR

Como você se sentiria se a chave que acabou de mandar fazer quebrasse ao dar a primeira volta na fechadura? Ou se a jarra de vidro refratário que a propaganda diz que pode ir do fogão ao congelador trincasse ao ser enchida com água fervente? ou se trocasse a relação da motocicleta (coroa, corrente e pião) e um dos componentes não encaixasse perfeitamente no outro? Atualmente, ninguém se contenta com objetos que apresentem esses resultados.

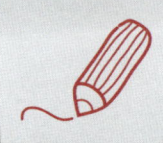

» Agora é a sua vez!

Uma empresa fabrica peças para máquinas agrícolas. Uma dessas peças é uma roldana com diâmetro externo, medido em milímetros. No processo final de produção da peça, foi coletada uma amostra de 20 unidades, conforme mostra a tabela abaixo.

10,071	10,041	10,052	10,045	10,073	10,064	10,065	10,041	10,054	10,052
10,066	10,036	10,069	10,070	10,048	10,058	10,060	10,057	10,048	10,039

Neste caso, as medidas poderão variar de 10,040 a 10,070. Encontre as medidas demonstradas anteriormente. Vamos trabalhar com um intervalo de confiança de 95%, cujo valor representado na Tabela 5.2 é 1,96.

a) Construa uma tabela de distribuição de frequências.
b) Encontre a média, a mediana e a moda.
c) Construa um histograma.
d) Encontre a variância e o desvio padrão.
e) Interprete os resultados.

> **PARA REFLETIR**
>
> Em quais outros contextos/casos o conceito de estatística é comumente utilizado?

>> Atividades

1. No mês de outubro, no período de 01 a 30, uma amostra de rodas nylon usinadas para a indústria de carrinhos de transporte foi analisada. Após a análise da amostra, os números identificados mostraram os diâmetros das rodas, conforme a tabela abaixo:

19,998	19,995	20,005	20,004	20,003	20,000	20,001	19,998	19,999	19,994
19,996	19,997	19,997	19,996	19,999	20,002	20,002	20,001	20,000	20,003

No caso das rodas de nylon, as medidas poderão variar de 19,998 a 20,002.

   a) Construa uma tabela de distribuição de frequências.
   b) Encontre a média, a mediana e a moda.
   c) Construa histograma.
   d) Encontre a variância e o desvio padrão.

2. Durante a fabricação de um lote grande de peças de anel de aço, as medidas internas, que servem para a passagem de um pino para uma determinada máquina, podem variar, devido ao desgaste da ferramenta. Portanto, devemos predefinir o intervalo dos limites entre os quais as medidas serão aceitáveis dentro do processo. No caso do anel de aço, as medidas poderão variar de 45,197 a 45,203. Encontre as medidas demonstradas anteriormente.

45,2	45,2	45,201	45,203	45,203	45,201	45,203	45,2	45,199	45,198
45,198	45,197	45,193	45,195	45,196	45,194	45,198	45,2	45,202	45,202
45,197	45,197	45,198	45,196	45,204	45,201	45,203	45,2	45,2	45,199

Encontre a variância e o desvio padrão, interprete o resultado.

>> **NO SITE**
Para saber mais sobre a história da matemática, acesse o ambiente virtual de aprendizagem.

REFERÊNCIAS

DEMING, W. E. *Qualidade:* a revolução da administração. Rio de Janeiro: Marques-Saraiva, 1990.

MONTGOMERY, D. C. *Introdução ao controle estatístico da qualidade*. 4. ed. Rio de Janeiro: LTC, 2004

RIBEIRO, J. L. D.; TEN CATEN, C. S. *Controle estatístico do processo:* cartas de controle para variáveis, cartas de controle para atributos, função de perda quadrática, análise de sistemas de medição. Porto Alegre: FEEng, 2012.

LEITURAS RECOMENDADAS

BALESTRASSI, P. P. *CEP/R&R*. Itajubá: UNIFEI-IEPG, [200-?]. Disponível em: <http://www.pedro.unifei.edu.br/download/cap3.pdf>. Acesso em: 13 jan. 2013.

PORTAL ACTION. *Gráficos média e amplitude*. São Carlos: Statcamp, c2007-2011. Disponível em: <http://www.portalaction.com.br/content/41-gr%C3%A1ficos-m%C3%A9dia-e-amplitude>. Acesso em: 13 jan. 2013.

capítulo 6

Sólidos geométricos: geometria espacial

Para ser criado, transformado ou adaptado, um objeto precisa de estudos relacionados à sua forma, às suas medidas lineares e de volume, e ao seu uso. Por mais simples que seja o objeto, o uso de cálculos geométricos para produzi-lo sempre será necessário, seja na sua construção ou modificação. Neste capítulo, destacaremos esse tipo de aplicação por meio de situações relacionadas a alguns conceitos da geometria espacial.

Bases Científicas
- Sólidos geométricos
- Leitura e interpretação de figuras geométricas
- Cálculo de medidas de volumes

Bases Tecnológicas
- Desenho: definições, formatos e dimensões
- Perspectiva
- Vista única, face de referência, eixo de simetria elementos padronizados
- Cortes: total, meio corte parcial, secção, rachaduras, omissão de corte

Expectativas de Aprendizagem
- Explicar o conceito de espaço geométrico (bi e tridimensional).
- Dominar unidades de medida de diferentes grandezas (densidade, volume, velocidade).
- Representar e interpretar o deslocamento de um ponto no plano cartesiano.
- Interpretar a localização e a movimentação de objetos no espaço tridimensional.
- Utilizar conhecimentos geométricos de espaço e forma na seleção de argumentos propostos como solução de problemas do cotidiano.

>> Introdução

> **>> NO SITE**
> Conheça passo a passo de uma produção 3D acessando o ambiente virtual de aprendizagem Tekne: **www.bookman.com.br/tekne**.

Você sabe como são reproduzidos os filmes em 3D? São imagens de duas dimensões elaboradas de forma a proporcionar a ilusão de terem três dimensões, ou seja, imagens que não estão no mesmo plano.

Quando falamos em quadrado, círculo e outras figuras planas, estamos falando que todos os pontos dessas figuras estão em um mesmo plano. E no caso de um cubo? O cubo tem cada uma de suas faces em um plano distinto, logo, é um sólido geométrico.

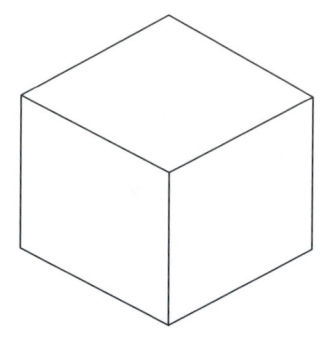

Figura 6.1 Cubo.
Fonte: dos autores.

Podemos afirmar que um **sólido geométrico** é uma região ou um conjunto de pontos que pertencem a um espaço, localizados em planos diferentes. Sólidos geométricos estão presentes nas diferentes formas que existem à nossa volta. Por exemplo, uma lata de óleo, um pistão, a ponta cônica de um torno, entre outros.

>> Sólidos geométricos

Temos dois tipos de sólidos geométricos, os poliedros e os não poliedros.

Poliedro é um sólido geométrico composto por um número determinado de faces, sendo que cada uma dessas faces é um polígono. O poliedro é composto por faces, arestas e vértices (veja a Figura 6.2).

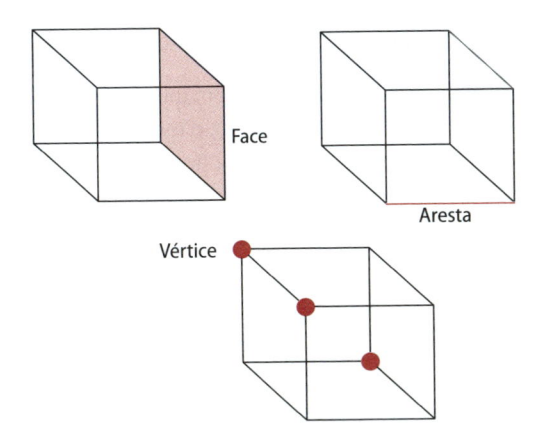

Figura 6.2
Fonte: dos autores.

Prisma é um tipo de poliedro cujas bases são dois polígonos iguais, ligadas por faces laterais que são paralelogramos. O número de lados do polígono das bases define o número de faces laterais. Os prismas podem ser retos ou oblíquos (veja a Figura 6.3).

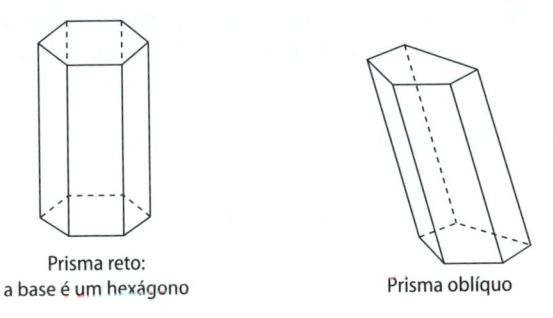

Figura 6.3
Fonte: dos autores.

Não poliedros são os demais sólidos geométricos, caracterizados pelo fato de que ao menos uma de suas faces não é um polígono. Por exemplo, a esfera, o cone, o cilindro, etc.

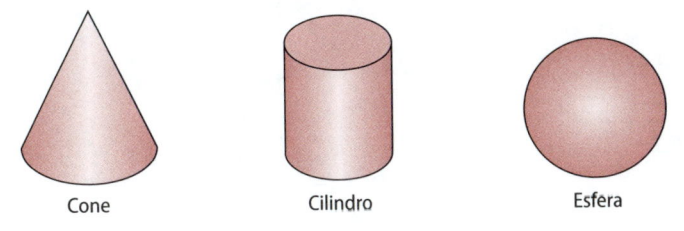

Figura 6.4   Sólidos geométricos não poliedros.
Fonte: dos autores.

Todo sólido geométrico possui volume, ou seja, ocupa lugar no espaço.

Quando falamos de volume, precisamos falar em unidades de volume. De acordo com o Sistema Internacional de Unidades (SI), o metro cúbico (m³) é a unidade padrão das medidas de volume, já que a unidade padrão de comprimento é o metro (m). Usamos também os múltiplos e os submúltiplos da unidade padrão de volume.

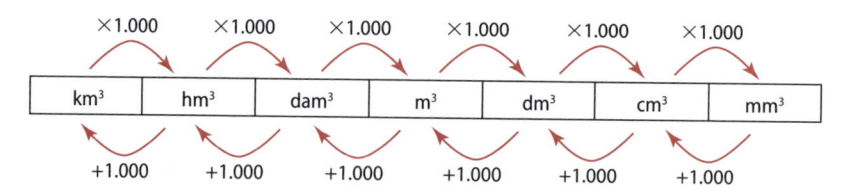

×1.000	×1.000	×1.000	×1.000	×1.000	×1.000
km³	hm³	dam³	m³	dm³	cm³	mm³
+1.000	+1.000	+1.000	+1.000	+1.000	+1.000

Veja algumas relações entre as unidades de volume e unidades de capacidade.

- 1 metro cúbico (m³) corresponde à capacidade de 1.000 litros.
- 1 decímetro cúbico (dm³) corresponde à capacidade de 1 litro.
- 1 centímetro cúbico (cm³) corresponde à capacidade de 1 mililitro (ml).

Para a construção de uma laje, precisamos calcular o volume de concreto necessário ao enchimento da laje. Ao instalarmos uma piscina, precisamos saber qual é o volume de terra a ser retirado. Essas são situações em que utilizamos o cálculo de volumes.

> **» NO SITE**
> Descubra como converter volumes acessando o ambiente virtual de aprendizagem.

Formulário para o cálculo de volume de figuras espaciais:

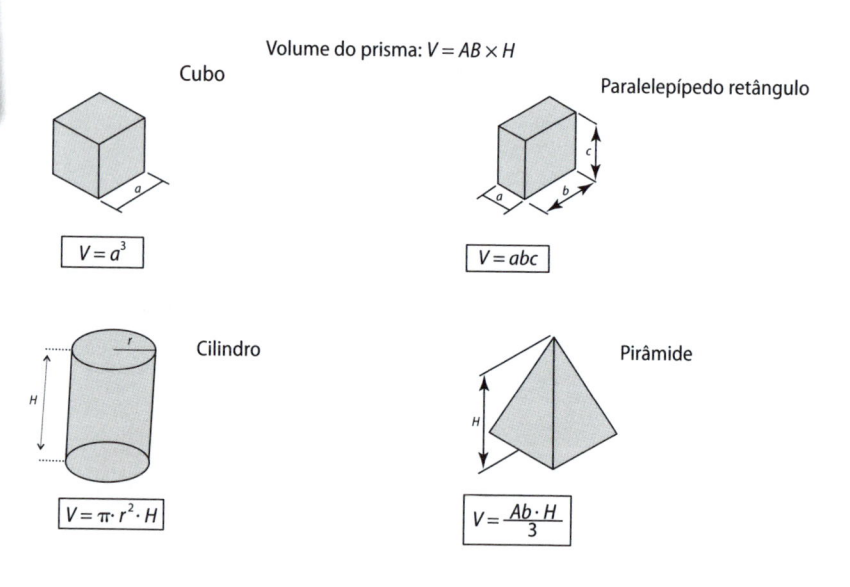

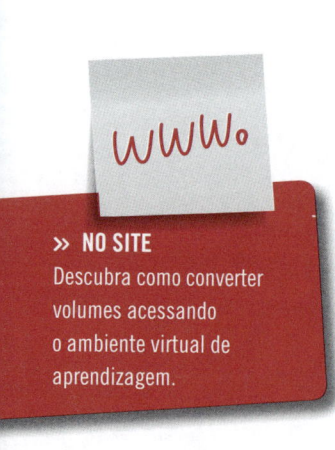

Volume do prisma: $V = AB \times H$

Cubo

$V = a^3$

Paralelepípedo retângulo

$V = abc$

Cilindro

$V = \pi \cdot r^2 \cdot H$

Pirâmide

$V = \dfrac{Ab \cdot H}{3}$

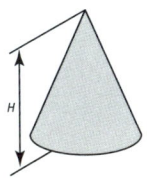

Cone

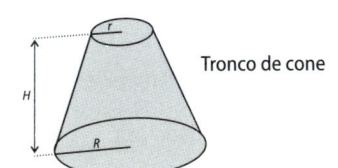

$$V = \frac{\pi r^2 H}{3}$$

Tronco de cone

$$V = \frac{\pi H}{3}(R^2 + r^2 + R \cdot r)$$

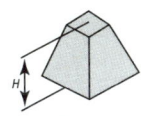

Tronco de pirâmide

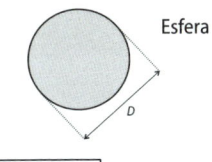

$$V = \frac{H}{3}(A_B + A_b + \sqrt{A_B \cdot A_b})$$

Esfera

$$V = \frac{D^3 \pi}{6}$$

Para determinar o volume de prismas retos ou oblíquos, basta calcular a área da base e multiplicar pela altura do prisma.

» EXEMPLO

Em uma oficina será usinada uma cunha, conforme a figura abaixo, que é parte fundamental de uma máquina agrícola. Essa peça tem a função de trabalhar como uma faca. Qual é o volume de material necessário para essa usinagem?

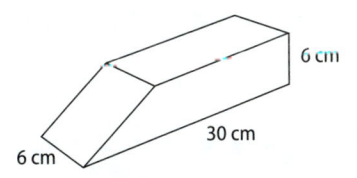

Para facilitar o cálculo, vamos dividir a cunha em duas partes:

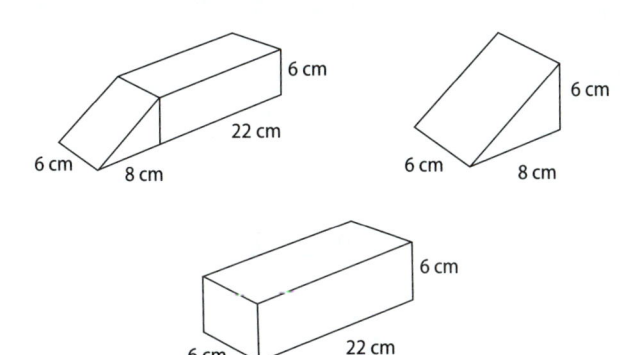

> **EXEMPLO** *(continuação)*

Temos um paralelepípedo cujo volume é dado por

$V = 6 \cdot 22 \cdot 6$
$V = 792 \text{ cm}^3$

e um prisma de base triangular cujo volume é dado por

$V = \dfrac{8 \cdot 6}{2} \cdot 4$
$V = 96 \text{ cm}^3$

Resposta: Somando o volume das duas partes, temos que o volume de material gasto para a fabricação da cunha é de 888 cm³.

Ambiente industrial

No ambiente industrial, a **conformação mecânica** é uma operação na qual se aplica um esforço mecânico em um material, resultando em uma mudança permanente de formas e dimensões.

A figura abaixo mostra uma matriz, uma chapa plana e uma ferramenta "macho".

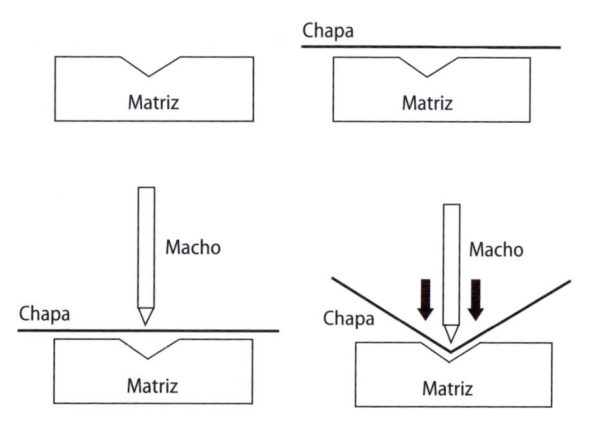

Figura 6.5
Fonte: dos autores.

A chapa é submetida à pressão através do macho, onde sofrerá um esforço e será conformada. A pressão é exercida até atingir a conformação desejada.

Esse tipo de conformação é usado na fabricação de canaletas, dobra de chapas que serão usadas em portões, estrutura de mesas e cadeiras, estampagem das carrocerias de veículos, bebedouros, cadeiras, etc. Nesse processo, a geometria da peça e seu formato influenciarão diretamente o trabalho a ser realizado.

Figura 6.6 Chapas conformadas.
Fonte: © Laurentiu iordache / Dreamstime.com.

Influência geométrica nos insertos intercambiáveis nas ferramentas de corte

O formato da peça, sua tolerância, seu material e seu acabamento superficial definem o formato do inserto a ser utilizado na usinagem, conforme a figura a seguir.

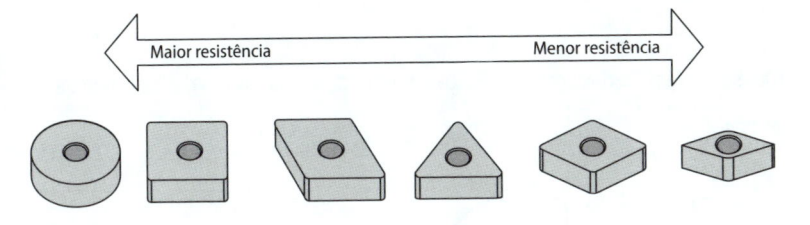

Figura 6.7
Fonte: dos autores.

São seis os formatos de insertos comuns, com benefícios e limitações em relação à resistência à tensão.

>> PARA REFLETIR

Você consegue visualizar se seu carro cabe na garagem? Perceber mentalmente uma forma espacial dá ao indivíduo uma habilidade crítica para entender um objeto. Feche os olhos e imagine a cadeira em que está sentado. Pense em um tarugo de nylon ou em uma barra maciça de aço. Imagine que você tem que modificar essa barra até formar a peça a seguir:

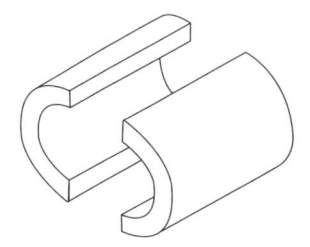

Figura 6.8
Fonte: dos autores.

Por onde começar a usinar essa peça? Qual é a medida dessa peça? Que conceito de geometria pode facilitar a fabricação?

Observe as figuras a seguir e tente desenhá-las de em 3 dimensões.

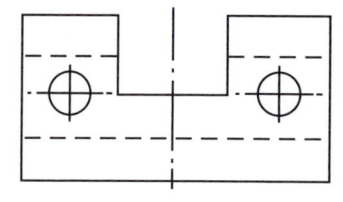

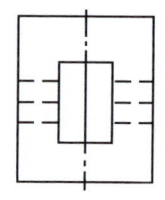

Figura 6.9
Fonte: dos autores.

Agora, observe as Figuras 6.10*a* e *b* representadas em 3 dimensões e tente desenhá-las em duas dimensões.

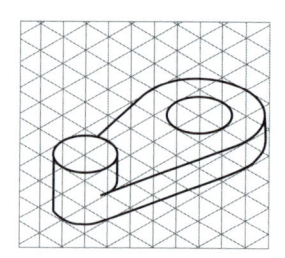

Figura 6.10*a*
Fonte: dos autores.

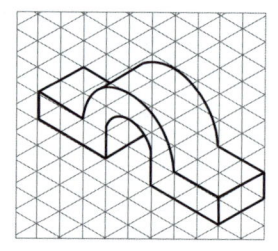

Figura 6.10*b*
Fonte: dos autores.

Atividades

1. Considere um prisma cuja base é um quadrado de 12 cm e a altura é de 6 cm. No centro da peça, retira-se um cilindro de 1 cm de raio. Qual é a quantidade de ferro, em volume, utilizada na confecção da peça?

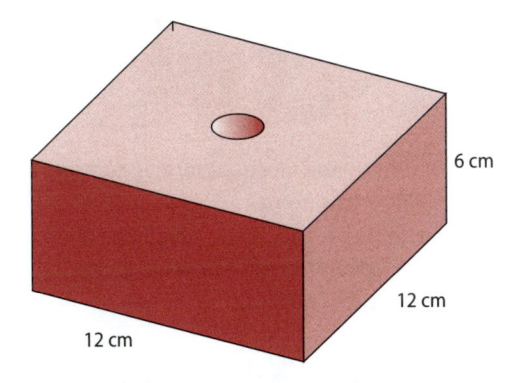

2. Uma peça de aço tem as dimensões e a forma da figura a seguir. Na usinagem da peça, deve-se retirar dela um miolo com o formato de um cilindro. Qual é o volume restante de aço empregado na peça?

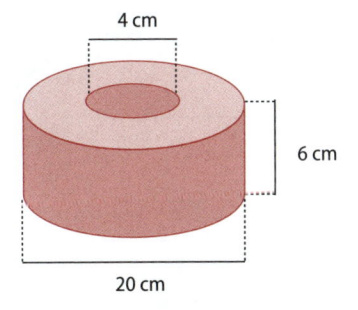

3. Calcule o volume de uma pirâmide quadrangular regular de 30 cm de lado e cuja altura mede 40 cm, como mostra o desenho a seguir.

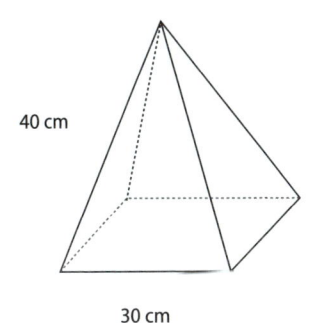

4. Calcule o volume de uma esfera de 8 cm de raio.

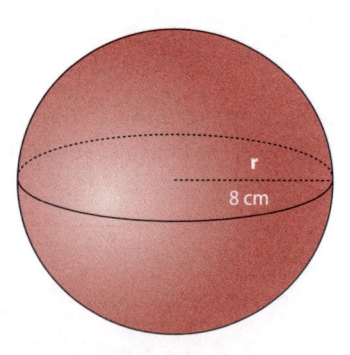

5. Escrituras contidas nos papiros mostram que os egípcios possuíam conhecimentos sobre medidas geométricas. Eles sabiam que o volume de uma pirâmide equivale a um terço do volume do prisma que a contém (figura a seguir). Quéops, a maior pirâmide egípcia, tem como sua base um quadrado de medidas dos lados de 230 metros e sua altura de 140 metros. Calcule o volume da pirâmide.

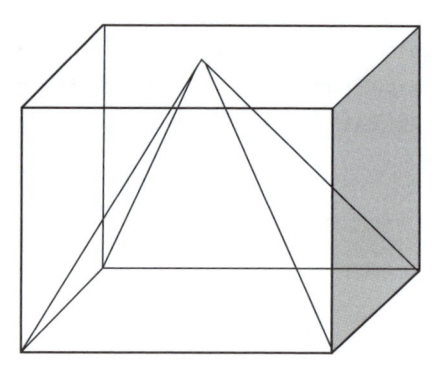

LEITURAS RECOMENDADAS

ASSOCIAÇÃO BRASILEIRA DE NORMAS TÉCNICAS. Rio de Janeiro: ABNT, c2006. Disponível em: <http://www.abnt.org.br/>. Acesso em: 13 jan. 2013.

CAVACO, M. A. M. *Parte II:* metrologia. Florianópolis: UFSC, 2002. Disponível em: <http://www.demec.ufmg.br/disciplinas/ema092/Documentos/APOSTILA_PARTE_II.pdf>. Acesso em: 13 jan. 2013.

ETEC CEL. FERNANDO FEBELIANO DA COSTA. *Tecnologia mecânica*. Piracicaba: Etec Cel. Fernando Febeliano da Costa, c2011. Disponível em: <http://www.etepiracicaba.org.br/cursos/apostilas/mecanica/3_ciclo/tecnologia_mecanica.pdf>. Acesso em: 15 jan. 2013.

EVES, H. *Introdução à história da matemática*. Campinas: Editora Unicamp, 2008.

LOPES, M. R. M.; VERONA, V. A. *Aplicação da geometria espacial em ambientes diversos*. Curitiba: SEED/PR, [2007?]. Disponível em: <http://www.diaadiaeducacao.pr.gov.br/portals/pde/arquivos/2455-8.pdf>. Acesso em: 15 jan. 2013.

MALATESTA, E. *Curso prático de desenho técnico mecânico*. São Paulo: Prismática, 2007.

SCHNEIDER, W. *Desenho técnico industrial*. São Paulo: Hemus, 2009.

SILVA, T. T. *O que produz e o que reproduz em educação*. Porto Alegre: Artmed, 1992.

STOETERAU, R. L. *Fundamentos de processos de usinagem*. São Paulo: Escola Politécnica da USP, [200-?]. Disponível em: <http://sites.poli.usp.br/d/pmr2202/arquivos/PMR2202-AULA%20RS1.pdf>. Acesso em: 13 jan. 2013.

VELASCO, A. D. *Geometria espacial*. Guaratinguetá: FEG-UNESP, 2006. Disponível em: <http://www.feg.unesp.br/extensao/teia/aulas/AulasModulo03-pdf/SistemasProjecoesArtigo.PDF>. Acesso em: 15 jan. 2013.

edelbra

Impressão e Acabamento
E-mail: edelbra@edelbra.com.br
Fone/Fax: (54) 3520-5000

IMPRESSO EM SISTEMA CTP